我们努力 >>>
不为别人，
只为成就 >>>
更好的自己

王 凡 编著

廣東旅游出版社
GUANGDONG TRAVEL & TOURISM PRESS
悦读书·说旅行·记录人生

中国·广州

图书在版编目（CIP）数据

我们努力不为别人，只为成就更好的自己 / 王凡编著. — 广州：广东旅游出版社，2017.5（2024.8重印）

ISBN 978-7-5570-0741-6

Ⅰ.①我… Ⅱ.① 王… Ⅲ.①成功心理－通俗读物 Ⅳ.①B848.4-49

中国版本图书馆 CIP数据核字（2017）第 023250号

我们努力不为别人，只为成就更好的自己
WO MEN NV LI BU WEI BIE REN , ZHI WEI CHENG JIU GENG HAO DE ZI JI

出 版 人 刘志松
责任编辑 李 丽
责任技编 冼志良
责任校对 李瑞苑

广东旅游出版社出版发行

地　　址	广东省广州市荔湾区沙面北街71号首、二层	
邮　　编	510130	
电　　话	020-87347732（总编室）　020-87348887（销售热线）	
投稿邮箱	2026542779@qq.com	
印　　刷	三河市腾飞印务有限公司	
	（地址：三河市黄土庄镇小石庄村）	
开　　本	710毫米×1000毫米 1/16	
印　　张	17	
字　　数	230千	
版　　次	2017年5月第1版	
印　　次	2024年8月第2次印刷	
定　　价	72.00元	

本书若有倒装、缺页影响阅读，请与承印厂联系调换，联系电话 0316-3153358

前言

我们每个人每一天都在努力，都想用自己的努力来向别人证明自己如何如何，总是会用别人的看法来判断自己努力的成果。一旦没有人关注自己了，便觉得自己的努力徒劳无功。

上面这种想法其实是错误的，我们每个人的努力其实不为别人，只为成就更好的自己。俗话说：酒香不怕巷子深。不在意别人的眼光，通过努力把自己变得更好，总有一天你会达到成功的彼岸。那么，究竟该如何努力呢？

第一，你应该相信：不论眼前的成就如何，未来的表现无可限量。成功之路有千万条，总是踏着别人的脚印前进而不敢越雷池半步的人，大约一生是碌碌无为的。只有敢走别人从未走过的路，敢于喊出属于自己的声音，才能独辟蹊径，才有成功的可能。

第二，你应该认识到：成功都由信念开始，并由信心跨出第一步。你的成就之大小，永远不会超出你的自信心的大小。同样，你在一生中，假使你对自己的能力，存在着严重的怀疑和不信任，决不能成就重大的事业。

第三，你应该知道：能承担多大的责任，就能取得多大的成功。如果你努力进取，积极向上，就必须担起责任，如果你作出决定并对这些负全责，你就向优秀的目标迈进了一步。

第四，你应该明白：人生来就是为了行动，就像火光总是向上腾。没有行动就无法接近你真正的人生目标。但对大多数人来说，行动的死敌是犹豫不决，即碰到问题，总是不能当机立断，思前想后，从而失去最佳的机遇。这是经营一生强项必须力戒的一点。

第五，任何人都是目标的追求者，一旦达到目的，第二天就必须为第二个目标动身启程了……人生就是要我们起跑、飞奔、修正方向，如同开车奔驰在公路上，有时偶尔在岔道上稍事休整，便又继续不断在大道上奔跑。

第六，你要利用好时间。你应该知道：我荒废了时间，时间便把我荒废了。也许人的梦想是无限的，可人的生命是有限的，时间永远跑在你的前面，它是不会为任何人停下脚步的，我们每一个人一生就像在和时间赛跑，也许你永远也追不上它，而你却不能停止为了追赶它而奔跑的脚步。

第七，你要明白：如果你不思考和学习，你便不会有未来。人生最终的价值在于思考和学习的能力，而不只在于生存。正是思考和学习让我们在茫茫人海中脱颖而出，成为有价值的人。

第八，你要做一个有勇气的人。有勇气的人，整个世界都会给他让路。坚持与放弃都需要勇气，勇气有时的确能改变一切。在我们人生的关键时刻，只有将得失置之度外，充满勇气地去做自己该做的事，才有可能赢得属于自己的胜利。

第九，你要认识到：没有已经完成的事情，世界上的一切事情待完成。人想要有所作为，就应该朝新的道路前进，不要跟随被踩烂了的成功之路。这个时候，你的兴趣和创造力是最珍贵的财富，你有这种能力，才能够把握生活最佳的时机，缔造伟大的成就。

第十，你要每天进步一点点。只有每天进步一点点，才能成就更好的自己。成功来源于诸多要素的集合叠加，比如：每天行动比昨天多一点点，每天效率比昨天高一点点；每天方法比昨天的多找一点点……每天进步一点点，假以时日，我们的明天与昨天相比将会有天壤之别。

本书就是从这十个方面告诉大家该如何努力，才能让自己一步一步得到提高，从而迈向成功，成就更好的自己！

目录
Contents

第二章　成功都由信念开始，并由信心跨出第一步/29

你的成就之大小，永远不会超出你的自信心的大小。同样，你在一生中，假使你对自己的能力有严重的怀疑和不信任，就决不能成就重大的事业。

第三章　能承担多大的责任，就能取得多大的成功/57

如果你努力进取，积极向上，就必须担起责任，如果你作出决定并对这些负全责，你就向优秀的目标迈进了一步。

第四章　人生来就是为了行动，就像火光总是向上腾/91

没有行动就无法接近你真正的人生目标。但对大多数人来说，行动的死敌是犹豫不决，即碰到问题，总是思前想后，不能当机立断，从而失去最佳的机遇。这是经营一生强项必须力戒的一点。

第五章　灵魂如果没有确定的目标，它就会丧失自己/117

任何人都是目标的追求者，一旦达到目的，第二天就必须为第二个目标动身启程了……人生就是要我们起跑、飞奔、修正方向，如同开车奔驰在公路上，有时偶尔在岔道上稍事休整，便又继续不断在大道上奔跑。

第六章　我荒废了时间，时间便把我荒废了/141

也许人的梦想是无限的，可人的生命是有限的，时间永远跑在你的前面，它是不会为任何人停下脚步的，我们每一个人一生就像在和时间赛跑，也许你永远也追不上它，而你却不能停止为了追赶它而奔跑的脚步。

第七章　如果你不思考和学习，你便不会有未来/163

人生最终的价值在于思考和学习的能力，而不只在于生存。正是思考和学习让我们在茫茫人海中脱颖而出，成为有价值的人。

第八章　有勇气的人，整个世界都会给他让路/189

　　坚持与放弃都需要勇气，勇气有时的确能改变一切。在我们人生的关键时刻，只有将得失置之度外，充满勇气地去做自己该做的事，才有可能赢得属于自己的胜利。

第九章　没有已经完成的事情，世界上的一切事情待完成/221

人想要有所作为，就应该朝新的道路前进，不要跟随被踩烂了的成功之路。这个时候，你的兴趣和创造力是最珍贵的财富，你有这种能力，才能够把握生活最佳的时机，缔造伟大的成就。

第十章　每天进步一点点，才能成就更好的自己/245

成功来源于诸多要素的集合叠加，比如：每天行动比昨天多一点点，每天效率比昨天高一点点；每天方法比昨天的多找一点点……每天进步一点点，假以时日，我们的明天与昨天相比将会有天壤之别。

第一章

不论眼前的成就如何，未来的表现无可限量

成功之路有千万条，总是踏着别人的脚印前进而不敢越雷池半步的人，大约一生是碌碌无为的。只有敢走别人从未走过的路，敢于喊出属于自己的声音，才能独辟蹊径，才有成功的可能。

将精力花在经营长处上而非克服弱点上

每个人都追求成功，那么你如何为"成功"下定义？很多人以为成功与否是由别人来评价的，实际上，你的成功与否只有你自己才能做评判。绝对不要让其他人来定义你的成功，只有你才能决定你要成为什么样的人、做什么事、拥有什么，只有你知道什么才能使你满足、什么令你有成就感。

现实生活中所能想到最接近成功的意义是"使命"，"使命"是你认为你与生俱来要成为的人、要做的事以及要拥有的一切。你的使命感和你的信仰、价值观密不可分。你必须扪心自问一个问题：我如何确定自己的存在？这个答案直接关系到你所拥的特质、能力、技巧、人格及天赋。

你首先应该知道的是：你是独特的、是绝无仅有的、是独一无二的，你有自己的个性、背景、观点、处世态度及人际关系，没有人可以取代你，也就是说你的存在绝对有无法取代的价值。你的使命终究还是要靠你自己来完成，它是你人生的目标，是独一无二、专属于你自己的。它值得你用全部的精神、力量去追求。

我们现在生活在一个为每个人提供了无限机会的年代。这些选择的机会让每个人达到极大的自由，但也同时给我们带来了困惑。有很多人抱怨不知道自己真正喜欢做什么。造成这种局面的原因是他们多年来压抑自己的愿望，忽略了自己的内在，他们总是急于模仿他人，却忘记了真实的自我。

这样不了解自己的人是不可能获得成功的。古语说："知人者智，知己者强。"如果你对自己想做什么非常清楚，你的愿望极端明确，那么使你成功的条件很快就会出现。遗憾的是对自己的愿望特别清楚的人并不是很多。你需要清楚地了解自己的雄心壮志和愿望，并使它们在你的内心逐渐明晰起来。

知道自己想做什么是成功的重要因素之一。许多人都经历过自我怀疑和不确定的时期，甚至有时走入了死胡同。要想改变这种状况，要做的是放松自己，退回到自己的内心世界，让你的思绪和想象力自由飞翔，回忆你在奋斗的道路上放弃的梦想，要知道这些梦想常常包含着人生真正职业的种子。把你的思想交给你的下意识，让它来帮助你找到你真正的愿望。

在选择职业时非常重要的一点是不要追随潮流，而要坚持自己内心的感觉，要凭自己内心的喜好来确定自己该干什么。因为往往你喜好的才能成为你擅长的，也才能做好它。

每个人都应该依靠自己所拥有的天赋生活。你必须集中精力于那些你力所能及、你拥有以及理解的事物。遗憾的是，很多人倾向于更多地去关注那些无力做到的事物，或者不能拥有的事物，或者自己所不理解的事物。所以很多人工作勤奋却奋斗多年也无法取得成功。

每个人都各有所长和所短。很多人将精力集中于自己的短处，以为在这里找到了他为何不成功的原因，因而他们把很多精力放在如何改正自己的缺点上。但他不知道，多数的短处完全不会影响我们的成功，"最好的玫瑰花不是那些长刺最少的，而是开花最绚丽的。"没有人仅仅因为他减少了他的弱点而变得富有，比这更重要的，是发扬你的长处。很多勤奋的人想的只是让自己成为一个没有缺点的人，他们不断鞭策自己，避免自己成为懒汉，让自己敬业，每天比别人工作的时间都长。他们以为这样就会离成功越来越近了，但现实却往往让他们失望。因为他们忽视了更重要的一点，就是发现自己的长处，并最大程度地发扬它。

当你克服了一个弱点，你并不由此实现了什么，只是你不再有这个弱点，你没有因为这样而拥有更多的财富和成就。在发扬长处之前，你仍是平庸之辈。应该发扬长处，它让我们变得富有。

每个人都有其不可替代的特长，每个人应该运用自己的创造力来创造自己的未来。我们要得到自己所向往的未来，必须按自己的特点塑造自己，充分发挥自己的才能。

或许，刚开始的时候，的确很难确定自己的目标。社会那么复杂，要在三百六十行中选出一个完全合乎自己理想和要求的工作的确不容易。因此，不妨实际去参与各种工作和职业，经验愈多，对自己的优势自然而然也就明了。

知彼知己，百战百胜。正确认识自己是面对人生和事业，解决一切问题的第一步。只有了解自己的优点，知道自己适合做什么，才能扬长避短，充分发挥自己的潜能。然而"知己"如同"知彼"一样，都不是容易的事。著名的作家贾平凹，曾深有感触地说："要发现自己并不容易，我是花了整整三年时间！"

人无全才，各有所长，亦各有所短。所谓了解自己的优点，就是要充分认识自己，扬长避短。

一般来说，在人的成功之路上，要想真正了解自己的优点与特点，则须从以下多方面进行全方位考虑：个人兴趣与特长；个人性格；个人能力。如果一个人能把所有精力都投入到自己的强项上，结果会怎样？他必然会有所建树。

任何工作的基本要求之一是要懂行。有人说"术业有专攻""隔行如隔山"。世上每一个行业都有其特殊的规律，一个人在这一行业中是内行，而在另一行业中却有可能是外行，你现在正打算做生意，或打算另辟项目，那么就应冷静地考虑一下，你对这个行当懂不懂，熟悉不熟悉。所谓的懂，并不是说你是家电行业的专家才经营家电，是作家才去写作，而是说，你作为经营者，起码要懂得市场发展趋势，懂得此行的来龙去脉。

常言道："男怕入错行，女怕嫁错郎"，而如今的社会，是所有的人都怕入错行。

随着时代进步，科技发展，社会劳动分工日趋精细，社会上的行业与职业的划分也越来越细。究竟要经营什么行业的生意为好？通常并不是凭人的主观愿望或兴趣所能决定的。就是说，并非一个人自己想干什么，就一定能干得了，还要考虑这个人本身的经验学识与财力，以及社会需求等条件。通常人们应该做的是：懂哪行干哪行，哪行有把握就干哪行，直到干好为止。

特长是一个人最熟悉、最擅长的某种技艺，它最容易表现一个人在某一方面的能力和才华。事实证明，能够发挥你的特长的事业是你最容易取得成功的事业。因此，当你选择了能够发挥你的最大特长的事业时，实际上就意味着你已经在创业的道路上步入了成功的开端。

此外，在多种特长中，你选择了你最大的特长作为你的创业之始，你会由于自己的特长得到了淋漓尽致的发挥而处于极度兴奋之中，你的灵感会不断地涌现出来，从而使你不断地创造出能够为你赚取金钱的好主意。而且，你的创造力越是丰富，获得新的创意的可能性也就越大，而新的创意会使你走向成功。

所有工作勤奋的人，首先应该反思自己的是：自己目前兢兢业业所从事的工作是不是最能发挥自己的特点和优势，能否给自己带来最大成效。如果答案是否定的，就要及时进行职业的转换，使自己的长处能最大程度地发挥出来。如果你的工作选择失误，你无论多么勤奋都可能与成功无缘，甚至浪费了你宝贵的时间和精力以及影响你的自信。人生苦短，不容许犯太多的错误。

善于 "剪掉" 多余

"剪掉" 不适合自己干的事情，剩下的就是适合自己发展的园地。

对大部分人来说，如果一入社会就善于利用自己的精力，不让它消耗在一些毫无意义的事情上，那么就有成功的希望。但是，很多人却偏偏喜欢东学一点、西学一下，尽管忙碌了一生却往往没有什么专长，结果，到头来什么事情也没做成，更谈不上有什么强项。

在这方面，蚂蚁是人们最好的榜样。它们驮着一大颗食物，齐心协力地推着、拖着它前进，一路上不知道要遇到多少困难，要翻多少跟斗，千辛万苦才把一颗食物弄到家门口。蚂蚁给人们最好的教益是：只要不断努力、持之以恒，就必定能得到好的结果。

明智的人最懂得把全部的精力集中在一件事上，唯有如此方能实现目标；明智的人也善于依靠不屈不挠的意志、百折不回的决心以及持之以恒的忍耐力，努力地在人们的生存竞争中去获得胜利。

那些富有经验的园丁往往习惯把树木上许多能开花结实的枝条剪去，一般人往往觉得很可惜。但是，园丁们知道，为了使树木能更快地茁壮成长，为了让以后的果实结得更饱满，就必须要忍痛将这些旁枝剪去。否则，若要保留这些枝条，那么将来的总收成肯定要缩少无数倍。

那些有经验的花匠也习惯把许多快要绽开的花蕾剪去，这是为什么呢？这些花蕾不是同样可以开出美丽的花朵吗？花匠们知道，剪去其中的大部分花蕾后，可以使所有的养分都集中在其余的少数花蕾上。等到这少数花蕾绽开时，一定可以成为那种罕见、珍贵、硕大无比的奇葩。

做人就像培植花木一样，青年男女们与其把所有的精力消耗在许多毫无意义的事情上，还不如看准一项适合自己的重要事业，集中所有精力，埋头苦干，全力以赴，肯定可以取得杰出的成绩。

如果你想成为一个众人叹服的领袖，成为一个才识过人、无人可及的人物，就一定要排除大脑中许多杂乱无序的念头。如果你想在一个重要的方面取得伟大的成就，那么就要大胆地举起剪刀，把所有微不足道的、平凡无奇的、毫无把握的愿望完全"剪去"，在一件重要的事情面前，即便是那些已有眉目的事情，也必须忍痛"剪掉"。

世界上无数的失败者之所以没有成功，主要不是因为他们才干不够，而是因为他们不能集中精力、不能全力以赴地去做适当的工作，他们使自己的大好精力东浪费一点、西消耗一些，而他们自己竟然还从未觉悟到这一问题：如果把心中的那些杂念——剪掉，使生命力中的所有养料都集中到一个方面，那么他们将来一定会惊讶——自己的事业上竟然能够结出那么美丽丰硕的果实！

拥有一种专门的技能要比有十种心思来得有价值，有专门技能的人随时随地都在这方面下苦功求进步，时时刻刻都在设法弥补自己的缺陷和弱点，总是要想到把事情做得尽善尽美。而有十种心思的人就和他不一样，他可能会忙不过来，要顾及这一点又要顾及那一个，由于精力和心思的分散，事事只能做到"尚可"为止，结果当然是一事无成。

现代社会的竞争日趋激烈，所以，你必须专心一致，对自己的工作全力以赴，这样才能做到得心应手，有出色的业绩。

认识自己，走一条自己的路

人生好比是走路，你如果不问路标，不把握方向，尽管你很辛苦，很努力，起早贪黑，有时候效果并不明显，甚至出现南辕北辙的笑话。这个时候，不妨停下来稍事休息，思考一下，目标是否正确，特长是否得到应有的发挥，这样的话，或许能够达到事半功倍的理想境界。

认识你自己，找到最适合你的位置，扮演最适合你的角色，开发属于你的领域，这是走向成功的一条捷径。

专家研究显示，人的智商、天赋都是均衡的，或许你在某一方面有优势，但不一定在别的方面能够赢过人家。有优势的同时就会存在劣势。

其实，每个人都具有自己的某种优势，都有适合自己的工作、事业。同时，人不是完人，不可能在每个领域都很突出，有的方面甚至缺陷十分明显。不同的人，生理素质、心理特点、智能结构等千差万别。有的多条理，善于分析；有的多灵气，富有幻想；有的擅巧计，能于谋略；有的富形象，善于表演。只要比较准确或大致对应地找到自己的目标或方向，你就或早或晚、或近或远会有突出的表现。有的人在未发现自己的才能和专长时，往往做事不得要领，学无成就，做无成果，总是感觉自己很卑微。这可能是因环境条件或形势逼使而不能显示自己的才能，如同黑夜行路，坎坷不平。

客观地认识自己，知道自己的长处，找到自己的发展方向，走一条自己的路，这对于你的未来的发展，你的成功，有着事半功倍的效果。相反，如果你在一个你不擅长的方面辛苦拼搏，成效可能不会很大，甚至无功而返。

达尔文《自传》表明，正因为他对自己的深刻认识，才使他把握住自己的素质特点，扬长避短，做出了突破性的成就。他十分谦逊又自信地谈到自己："热爱科学，对任何问题都不倦思索、锲而不舍，勤于观察和收集事实材料，还有那么点儿健全的思想。"但又认为自己的才能很平凡："我的记忆范围很广，但是比较模糊。""我在想象上并不出众，也谈不上机智。因此，我是蹩脚的评论家。"他还对自己不能自如地用语言表达思想深感不满："我很难明晰而又简洁地表达自己的思想……我的智能有一个不可救药的弱点，使我对自己的见解和假说的原始表述不是错误，就是不通畅。"伟大的马克思有许多天赋，但他在写给燕妮许多诗后，发现自己并不具备杰出的诗才，并作了深刻的自我解剖："模糊而不成形的感情，不自然，纯粹是从脑子里虚构出来的。现实和理想之间的完全对立，修辞上的斟酌代替了诗的意境。"作家朱自清也曾分析过自己缺乏小说才能的短处，在散文集《背影》自序中说："我写过诗，写过小说，写过散文。25岁以前，喜欢写诗，近几年诗情枯竭，搁笔已久……我觉得小说非常地难写，不用说长篇，就是短篇，那种经济的、严密的结构，我一辈子也写不出来。我不知道怎样处置我的材料，使它们各得其所。至于戏剧，我更始终不敢染指。我所写的大抵还是散文多。"对自己的认识不是一次可以完成的，认识过程不仅建立在反馈基础上的自我动态调节，也要借助别人对自己的中肯意见。

有两件学林轶闻值得我们深思。一是著名的史学家方国瑜。他小时候除刻苦攻读学堂课程外，还利用节假日跟从和德谦先生专攻诗词。他钦佩李白、羡慕苏轼，企望自己有朝一日也能成为一名诗人。但一晃六七年，却始终未能写出一篇像样的诗词。1923年，他赴京求学，临行时和德谦先生诵玉阮亭"诗有别才非先学也，诗有别趣非先理也"之句以赠之，指出他生性质朴，缺乏"才""趣"，不能成为诗人，但如能勉力，"学理"可就，将能成为一个学人。方国瑜铭记导师深知之言，到京后，师从名家，几载治史，就小有成就，后来著成《广韵声汇》和《困学斋杂著五种》两本书。从此他立定志向，终生于祖国史学研究。

二是著名史学家姜亮夫也有类似经历。20世纪20年代，他考入清华大学研究院。当时他极想成为"诗人"，把自己在成都高等师范读书时所写的400多首诗词整理出来，去请教梁启超先生。不料梁毫不客气地指出他囿于"理性"而无才华，不适宜于文艺创作。姜亮夫回到寝室用一根火柴将"小集子"化成灰烬。诗人之梦醒了，从此他埋头攻读中国历史、语言、楚辞学、民俗学等，取得一系列成果。可谓"失之东隅，收之桑榆"。

"认识你自己"被公认为希腊哲人最高智慧的结晶。一个不断经由认识自己、批判自己而改造自己的人，智慧才有可能渐趋圆熟而迈向充满机遇之路。

找准最适合自己的位置

1775 年 6 月，在波士顿郊区来克星顿和康科德的抗英战斗（美国独立战争的序幕）爆发后的几星期，约翰·亚当斯（后任美国第二届总统）在费城召开的大陆议会上提名大陆军总司令的候选人时，他站起来大声喊道："先生们！我知道这些条件是要求过高了，但我们都必须认识到，在此危急存亡之际，作为一位总司令，我认为这些条件是必须具备的。会不会有人说，全国找不到一个这样的人呢？我可以回答你们，在我们中间就有一位。他，就是——乔治·华盛顿。"大陆议会一致投票赞成亚当斯的提名。

然而，当时年仅 34 岁的华盛顿，并没有如同人们想象的那样欢欣雀跃，或轰轰烈烈地庆贺一番，而是"眼睛闪烁着泪花"，对人们说了这样一句话："这将成为我的声誉日益下降的开始。"

华盛顿获得提名后，并没有陶醉于荣誉之中，相反，他能够保持清醒的头脑，首先考虑到的是自己与大陆军总司令所必须具备的条件之间的差距，从而对他以后的工作提出了更高的要求。众多的历史事实也表明，正是由于华盛顿高标准、严要求地对待自己，所有这些都为他后来荣任美国第一届总统打下了坚实的基础。

有些人之所以成功，就是因为自始至终能够找到自己的位置，看到自己身上的缺点和不足，然后付诸行动，不断改进和完善自己，使自己更加积极向上，充满活力。因为他们心中明白这样的道理：人最怕找不到自己的位置，尤其是在自己出了名、有了一定地位的时候，更难以知道天有多高、地有多厚。因而，即使顶着成功的花环，他们也决不会做"珠光宝气"之"秀"，而是不断提高自己的人生标准，使自己的人生得以升华。

人生如爬山，有的人还在山脚，有的人正在山腰，还有的人已经爬上山顶。

此时的你不管在山的什么位置，都要把自己放在山的最低处，时刻苛求自己，不断提高攀登技能。否则，你将会重蹈"龟兔赛跑"的覆辙，甚至落得个粉身碎骨抑或身败名裂的下场。

很久以前，德国一家电视台推出高薪征集"10秒钟惊险镜头"活动。在诸多的参赛作品中，一个名叫"卧倒"的镜头以绝对的优势夺得了冠军。

拍摄这10秒钟镜头的作者是一个名不见经传刚刚踏入工作岗位的年轻人，而其他参赛选手多是一些在圈内很有名气的大家。所以这个10秒钟镜头一时引起了轰动。几个星期以后，获奖作品在电视的强档栏目中播出。那天晚上，大部分人都坐在电视机前观看了这组镜头，10秒钟后，每一双眼睛里都是泪水，可以毫不夸张地说，德国在那10秒钟后足足肃静了10分钟。

镜头是这样的：在一个小火车站里，一个扳道工正走向自己的岗位，去为一列徐徐而来的火车扳动道岔。这时在铁轨的另一头，还有一列火车从相反的方向驶近小站。假如他不及时扳道岔，两列火车必定相撞，造成不可估量的损失。

这时，他无意中回过头一看，发现自己的儿子正在铁轨那一端玩耍，而那列开始进站的火车就行驶在这条铁轨上。抢救儿子或避免一场灾难——他可以选择的时间太少了。那一刻，他威严地朝儿子喊了一声："卧倒!"同时，冲过去扳动了道岔。

一眨眼的工夫，这列火车进入了预定的轨道。

那一边，火车也呼啸而过。车上的旅客丝毫不知道，他们的生命曾经千钧一发，他们也丝毫不知道，一个小生命卧倒在铁轨边上——火车轰鸣着驶过铁轨时，丝毫无伤。那一幕刚好被一个从该地经过的记者摄入镜头中。

人们猜测，那个扳道工一定是一个非常优秀的人。后来，人们才渐渐知道，那个扳道工是一个普普通通的人。许多记者在进一步的采访中了解到，他唯一的优点就是忠于职守，从没迟到、早退、旷工或误工过一秒钟。

这个消息几乎震住了每一个人，而更让人意想不到的是，他的儿子是一个弱智儿童。他曾一遍一遍地告诫儿子说："你长大后能干的工作太少了，你必须有一样是出色的。"儿子听不懂父亲的话，依然傻乎乎的，但在生死攸关的那一秒钟，他却"卧倒"了——这是他在跟父亲玩打仗游戏时唯一听懂并做得最出色的动作。

看了这样的故事，亲爱的读者朋友，你有什么感想？

当然这样的事情不一定甚至不可能发生在我们的身边，但是作为谋生的手段，我们必须有一些看家本领。很多的时候，我们只有依靠自己，只能够靠自己去面对挫折和苦难。比如有一天如果不小心掉进河里，我们当然希望有人来救，但是岸上没有人怎么办？那就要靠你自己了。

如果你会游泳，而且很出色，你当然能够逢凶化吉。

亲爱的读者朋友，无论你现在干什么工作，或者还在学校上学，赶紧行动吧，拥有一项出色的本领，它或许能够给你带来一生的幸福。

只为成就更好的自己 我们努力不为别人，

研究该干什么和不该干什么

"该干什么"和"不该干什么",是你对自己究竟有哪方面强项的慎重考虑!

如果你已经到了十八岁,那么你可能要作出你一生中最重要的两个决定——这两个决定将深深改变你的一生,影响你的幸福、收入和健康,这两个决定可能造就你,也可能毁灭你。那么,这两个重大决定是什么呢?

第一,你将如何谋生?也就是说,你准备干什么?是做一名农夫、邮差、化学家、森林管理员、速记员、兽医、大学教授,还是去摆一个摊子?

第二,你将选择一个什么样的人生伴侣?

对有些人来说,这两个重大决定通常像在赌博一样。哈里·艾默生·佛斯迪克在他的一本书里写道:"每位小男孩在选择如何度过一个假期时,都是赌徒。他必须以他的日子作赌注"那么你怎样才能减低选择假期中的赌博性呢?

首先,如果可能的话,应尽量找到一个自己喜欢的工作。有一次,我请教轮胎制造商古里奇公司的董事长大卫·古里奇,我问他成功的第一要件是什么,他回答:"喜欢你的工作。"他说:"如果你喜欢你所从事的工作,你工作的时间也许很长,但却丝毫不觉得是在工作,反倒像是游戏。"

爱迪生就是一个好例子。这个未曾进过学校的报童,后来却使美国的工业革命完全改观。爱迪生几乎每天在他的实验室里辛苦工作十八个小时,在那里吃饭、睡觉。但他丝毫不以为苦。"我一生中从未做过一天工作,"他宣称,"我每天其乐无穷。"

所以他取得成功了!

拿破仑·希尔曾听见查理·史兹韦伯说过类似的话。他说:"每个从事他所无限热爱的工作的人,都能取得成功。"

也许你会说,刚入社会,我对工作都没有一点概念,怎么能够对工作产生热爱呢？艾得娜·卡尔夫人曾为杜邦公司雇佣过数千名员工，现为美国家庭产品公司的公共关系副总经理，她说："我认为，世界上最大的悲剧就是，那么多的年轻人从来没有发现他们真正想做些什么。我想，一个人如果只从他的工作中获得薪水，而别无其他，那真是最可怜的了。"卡尔夫人说，有一些大学毕业生跑到她那儿说："我获得了达茅斯大学的文学士学位或是康莱尔大学的硕士学位，你公司里有没有适合我的职位？"他们甚至不晓得自己能够做些什么，也不知道希望做些什么。因此，难怪有那么多人在开始时野心勃勃，充满玫瑰般的美梦，但到了四十多岁以后，却一事无成，痛苦沮丧，甚至精神崩溃。事实上，选择正确的工作，对你的健康也十分重要。琼斯霍金斯医院的雷蒙大夫与几家保险公司联合做了一项调查，研究使人长寿的因素，他把"合适的工作"排在第一们。这正好符合了苏格兰哲学家卡莱尔的名言："祝福那些找到他们心爱的工作之人，他们已无须祈求其他的幸福了。"

拿破仑·希尔最近曾和索可尼石油公司的人事经理、《求职的六大方法》一书的作者保罗·波恩顿畅谈了一晚上。拿破仑·希尔问他："今日的年轻人求职时，所犯的最大错误是什么？""他们不知道他们想干些什么，"他说，"这真叫人万分惊骇，一个人花在选购一件穿几年就会破损的衣服上的心思，竟比选择一件关系将来命运的工作要多得多—而他将来的全部幸福和安宁全都建立在这件工作上了。"

面对竞争日益激烈的社会，你该怎么办呢？你应如何解决这一难题？你可以利用一项叫做"职业指导"的新行业。也许他们可以帮助你，也许将会损害你——这全靠你所找的那位指导者的能力和个性了。这个新行业距离完美的境界还十分遥远，甚至连起步也谈不上，但其前程甚为美好。你如何利用这项新科学呢？你可以在住处附近找出这类机构，然后接受职业测验，并获得职业指导。

当然他们只能提供建议，最后作出决定的还是你。记住，这些辅导员并非绝对可靠。他们之间经常无法彼此同意。他们有时也犯下荒谬的错误。例如，一个职业辅导员曾经建议一位学生做一位作家，仅仅就是因为她的词汇很广。多荒谬可笑！事情并不那样简单，好作品是将你的思想和感情传给你的读者——要想达到这个目的，不仅需要丰富的词汇，更需要思想、经验、说服力和热情。建议这位有丰富词汇的女孩子当作家的这位职业辅导员，实际上只完成了一件事：他把一位极佳的速记员改变成一位沮丧的准作家。

想说明的一点是，职业指导专家——即使是你和我，也并非绝对可靠。你也许该多找几个辅导员，然后凭普通常识判断他们的意见。

你也许会觉得奇怪，为什么本章中会提一些令人担心的话。但如果你了解到多数人的忧虑、悔恨和沮丧，都是因为不重视工作而引起的，你就不会觉得奇怪了。关于这种情形，你可以问问你的父亲、邻居或是你的老板。智慧家约翰·史都家·米勒宣称，"工人无法适应工作，是'社会最大的损失之一'。"是的，世界上最不快乐的人，也就是憎恨他们日常工作的"产业工人"。

你可知道在陆军"崩溃"的是哪种人？他们就是被分派到错误单位的人！这里所指的并不是在战斗中受伤的人，而是那些在普通任务中精神崩溃的人。威康·孟宁吉博士，是当代最伟大的精神病专家之一，他在"二战"期间主持陆军精神病治疗部门，他说："我们在军中发现挑选和安置的重要性，就是要使适当的人去从事一项适当的工作……最重要的是，要使人相信他手头工作的重要性。当一个人没有兴趣时，他会觉得他是被安排在一个错误的职位上，他会觉得他不受欣赏和重视，他会相信他的才能被埋没了，在这种情况下，我们发现，他若没有患上精神病，也会埋下精神病的种子。"

是的。为了同一个原因，一个人也会在工商企业中"精神崩溃"，如果他轻视他的工作和事业他也可以把它搞砸了。

菲尔·强森的情况，就是一个好例子。菲尔·强森的父亲开了一家洗衣店，他把儿子叫到店中工作，希望他将来能接管这家洗衣店。但菲尔痛恨洗衣店的工作，所以懒懒散散的，提不起精神，只做些不得不做的工作，其他工作则一概不管。有时候，他干脆"缺席"了。他父亲十分伤心，认为养了一个没有野心而不求上进的儿子，使他在他的员工面前深觉丢脸。

有一天，菲尔告诉他父亲，他希望做个机械工人——到一家机械厂工作。什么？一切又从头开始？这位老人十分惊讶。不过，菲尔还是坚持自己的意见。他穿上油腻的粗布工作服工作，他从事比洗衣店更为辛苦的工作，工作的时间更长。但他竟然快乐地在工作中吹起口哨来。他选修工程学，研究引擎，装置机械。而当他在1944年去世时，已是波音飞机公司的总裁，并且制造出"空中飞行堡垒"轰炸机，帮助盟国军队赢得了世界大战。如果他当年留在洗衣店不走，他和洗衣店——尤其是在他父亲死后——究竟会变成什么样子呢？他会把整个洗衣店毁了——破产，一无所得。

只为成就更好的自己

我们努力不为别人，

找到自己的强项

　　一个人没有独特的专长，想要在人生的平台上立住脚，恐怕是天方夜谭。换句话，你要想让自己成为一个别人无法替代的人物，你应当独有所长，即想尽办法，培养自己的专长，你的专长就是你的与众不同之处。这种专长可以是一种手艺、一种技能、一门学问、一种特殊的能力或者只是直觉。你可以是厨师、木匠、裁缝、鞋匠、修理工等等，也可以是机械工程师、软件工程师、服装设计师、律师、广告设计人员、建筑师、作家、商务谈判高手、"企业家"或"领导者"等等，但如果你想成功的话，你不能什么都不是。成功者的普遍特征之一就是，他们由于具有出色的专长从而在一定范围内成为不可缺少的人物。

　　大家都知道：福特的专长是制造汽车，爱迪生的专长是发明各种令人激动的"玩意"，皮尔·卡丹的专长是服装的设计与制作，曾宪梓的专长是做质量最好的领带，阿迪·达斯的专长是制鞋，迪斯尼的专长是画动画，盖茨的专长是编写软件与管理，巴菲特的专长是对华尔街的历史与现状了如指掌。上面所提到的这些人一开始都不能算是重要人物，但由于他们专长的不断发展，加上其他条件的配合，他们获得了成功。

　　每个人都是依靠为他人提供服务和商品而生存，因此如果你培养起了专长，往往你的工作就更具有价值。所以从现在开始，如果你还没有专长，你就要确定方向，然后加以专业上的投资，你要花费时间、精力与汗水，持之以恒，努力使自己成为这一领域最出色的人；如果你已经有了一种技能但还不能说精于此道，那么你也同样要进行专业方面的投资。要全力以赴，使自己变得与众不同。

　　想一下，如果你没有任何专长，那是一件多么可怕的事情！你制作一张桌子，需要3天时间，而木匠只需要3小时；你设计并制作一套服装需要一周时间，而裁缝只要一天；你制作一份商务合同要查阅各种资料，而一个律师在一个小时内就能起草完毕；你由于不了解谈判的技巧、不知道相关领域的知识，你推销产品总是不顺利，而你的同事干一天的销售量就相当于你干半个月；如果你的上司要你设计一个简单的工资管理程序，你还要从头学起。那么你如何在竞争激烈的社会中脱颖而出呢？你的竞争优势在哪里呢？为什么别人要找你，而不是找他呢？凭什么你要求你的上司提拔你而不是提拔他呢？

所以，在你有实力经营企业、管理组织之前，先把自己经营好、管理好。成功者会树立起这样的信念：我依靠比别人提供更出色的产品和服务来换取成功。因此，你不仅要有自己的专长，而且要在这一领域压倒周围的人。你想要一个始终表现平平的人在一夜之间脱颖而出是不可能的。

为了发展你的专长，从今天开始你要做到两点：（1）利用一切可能的机会提高自己专门领域的知识与技能，你要努力做更可口的菜，你要努力制造质量更好的物品，你要努力编写更实用的软件，你要努力写更漂亮的文章；（2）如果你的产品是直接交付客户的，那么一定要精益求精，无论他付给你的价格是较高的价格还是一般价格。如果你长期这样做，不仅你的技艺在不断增进，而且你还会在这一领域建立起自己的信誉。而信誉一旦建立，就会为你带来源源不断的财富与利润。

通过对很多成功者的研究，我们发现很多成功者一开始都只是在某个方面有所专长，后来由于其他条件的配合，这些人才从某一领域的专业人员成为完整的成功人士。在白手起家的成功者中，这种情况尤为多见。

"三百六十行，行行出状元"。人的专业素质是随着社会分工的产生而产生的，它标志着人类文化的发展和文明的进程。由此，人的能力也开始分为一般能力和特殊能力两种：一般能力是指适用于较广的范围、从事多种活动所需要的基本能力，如观察力、记忆力、思维力、想象力、判断力（本书第三章已作详尽描述）。特殊能力是指适用于较小范围、为特定的活动领域所需要的能力，如画家的颜色辨别能力与空间想象能力，数学家的计算能力，文学家的语言表达能力等等。它是在某些特定专业和职业活动中表现出来的能力。

一般能力为特殊能力的发展创造了一定的条件，而特殊能力则是一般能力在某些方面的独特发展。特殊能力的发展也可以促使一般能力的发展。这种特殊能力，也就是人的专业能力。这种专业能力与知识结构，构成人的专业素质的重要内容。当然，人的专业素质还有其他内容，如对专业的爱好、兴趣、情感，在从事专业工作中所表现出来的意志品质、意志特征和技能、技巧等等。

各种专业人才，构成了人类社会洋洋大观，他们如花团锦簇，为人类社会增添了奇葩异彩。人的专业素质是由人的身体素质、心理素质、外在素质和文化素质等多种因素根据不同的专业有机组合而成的。人的专业素质越是优良，专业中发挥的作用就越显著，创造力就越强。那么，怎么才能造就和形成自己在专业上的最佳素质呢？

将自己的主体特质、兴趣、爱好和社会上客观的需要紧密结合，是塑造自己专业素质的前提。人的素质千差万别，各有所长，各有所短。准确地了解和分析自己，做出正确的估价，然后，根据自己的特点，发挥优势，建立独具一格的智能结构，使自己的长处得到有效的发挥，这才是最根本的。因此，最佳智能结构必须是因人而异的，决不能生搬硬套，削足适履。如果不了解自己的特质，避其所长，扬其所短，就有可能事倍功半，欲速而不达，无端地消磨掉许多年华岁月。

另外，对自己所从事的工作要有一种出奇的迷劲。入迷能使人调动起全部的能量，全神贯注地研究和解决所遇到的问题，从而迸发出最大的智慧和才干，发掘出以前曾蕴藏在体内的全部潜能。日本著名教育家木村一说："所谓天才人物，指的就是强烈的兴趣和顽强的入迷。"人在从事自己所迷恋的事业时，往往会全力以赴，其需要、情感、动机、注意力、意志和智能等项品质专注于一个目标，容易产生"聚焦"作用，常常再苦再累也心甘情愿，对成果的取得、专业素质的造就起着极大的推动作用。正如蒲松龄所说：性痴，则其志凝；故书痴者文必正，艺痴者技必良。世之落拓而无成者，皆自谓不痴也。"

同时，根据工作和事业的需要，调整自己的智能结构及兴趣、爱好，干一行，爱一行，专一行，也是十分必要的。

不要忽视自己的潜能

古希腊的大哲学家苏格拉底在临终前有一个不小的遗憾——他多年的得力助手，居然在半年多的时间里没能给他寻找到 一个最优秀的闭门弟子。

苏格拉底在风烛残年之际，知道自己时日不多了，就想考验和点化一下他的那位平时看来很不错的助手。他把助手叫到床前说："我的蜡所剩不多了，得找另一根蜡接着点下去，你明白我的意思吗？"

"明白，"那位助手赶忙说，"您的思想光辉是得很好地传承下去……"

"可是，"苏格拉底慢悠悠地说，"我需要一位最优秀的承传者，他不但要有相当的智慧，还必须有充分的信心和非凡的勇气……这样的人选直到目前我还未见到，你帮我寻找和挖掘一位好吗？"

"好的、好的。"助手很尊重地说，"我一定竭尽全力地去寻找，以不辜负您的栽培和信任。"

苏格拉底笑了笑，没再说什么。

那位忠诚而勤奋的助手，不辞辛劳地通过各种渠道开始四处寻找了。可他领来一位又一位，总被苏格拉底一一婉言谢绝了。每一次，当那位助手再次无功而返地回到苏格拉底病床前时，病入膏肓的苏格拉底硬撑着坐起来，抚着那位助手的肩膀说："真是辛苦你了，不过，你找来的那些人，其实还不如你……"

"我一定加倍努力，"助手言辞恳切地说，"找遍城乡各地、找遍五湖四海，我也要把最优秀的人选挖掘出来，推荐给您。"

苏格拉底笑笑，不再说话。

半年之后，苏格拉底眼看就要告别人世，最优秀的人选还是没有眉目。助手非常惭愧，泪流满面地坐在病床前，语气沉重地说："我真对不起您，令您失望了！"

"失望的是我，对不起的却是你自己。"苏格拉底说到这里，很失意地闭上眼睛，停顿了许久，才又不无哀怨地说，"本来，最优秀的就是你自己，只是你不敢相信自己，才把自己给忽略、给耽误、给丢失了……其实，每个人都是最优秀的，差别就在于如何认识自己、如何发掘和重用自己……"话没说完，一代哲人就永远离开了他曾经深切关注着的这个世界。

那位助手非常后悔，甚至后悔、自责了整个后半生。

"其实，每个人都是最优秀的，差别就在于如何认识自己、如何发掘和重用自己。"每个向往成功、不甘沉沦者，都应该思索和牢记先哲的这句至理名言。

你自己就是一座金矿，关键是如何发掘和重用自己。

100 多年前，美国费城有几个高中毕业生因为没钱上大学，他们只好请求仰慕已久的康惠尔牧师教他们读书。康惠尔牧师答应教他们，但他又想到还有许多年轻人没上大学，要是能为他们办一所大学那该多好啊！于是，他四处奔走为筹办一所大学向各界人士募捐。当时办一所大学大约需要投资 150 万美元，而他辛苦奔波了 5 年，连 1000 美元也没筹募到。一天，他情绪低落地走向教室，发现路边的草坪上有成片的草枯黄歪倒，很不像样。他便问园丁："为什么这里的草长得不如别处的草呢？"

园丁回答说："您看这里的草长得不好，是因为您把这里的草和别处的草相比较的缘故。看来，我们常常是看别人的草地，希望别人的草地就是我们自己的，却很少去整治自己的草地！"

这话使康惠尔怦然心动，恍然大悟。此后，他积极探求人生哲理，到处给人们演讲"钻石宝藏"的故事：有个农夫很想在地下挖到钻石，但在自己的地里一时没有挖到。于是，他卖了自己的土地，四处寻找可以挖出钻石的地方。而买下这块土地的人坚持辛勤耕耘反倒挖到了"钻石宝藏"。康惠尔向人们讲道：财富和成功不是仅凭奔走四方发现的，它属于在自己的土地上不断挖掘的人，它属于相信自己有能力"整治自己的草地"的人！由于他的演讲发人深省，很受欢迎。7 年后他赚得 800 万美元，终于建起了一所大学。如今他所筹建的高等学府依然屹立在费城，并且闻名于世。

这个启示很重要，也很实在。我们何必总是羡慕别人的才能、幸运和成就呢？俗话说，人比人气死人。你若总是希望别人的美丽草地变成自己的，这不过是空想，而且越想越觉得自己不如别人。其实你比别人并不差，甚至有可能比他强！只有下功夫"整治自己的草地"才有希望，也才会有潇洒的人生。

成为自己想要成为的人

一则寓言故事讲道：过去同一座山上，有两块相同的石头，三年后发生截然不同的变化，一块石头受到很多人的敬仰和膜拜，而另一块石头却受到别人的唾骂。挨骂的这块石头心理极不平衡地说道："老兄呀，三年前，我们同为一座山上的石头，今天产生这么大的差距，我的心里特别痛苦。"另一块石头答道："老兄，你还记得吗？曾经在三年前，来了一个雕刻家，你因害怕割在身上一刀刀的痛，告诉他只要把你简单雕刻一下就可以了，而我那时想象未来的模样，不在乎割在身上一刀刀的痛，所以产生了今天的不同。"两者的差别：一个是关注想要的，一个是关注惧怕的。过去的几年里，也许同是儿时的伙伴、同在一所学校念书、同在一家单位工作，几年后，发现儿时的伙伴、同学、同事都变了，有的人变成了"佛像"石头，而有的人变成了另外一块石头。

你期望自己怎样生活在这个世界上？未来成为一个什么样的人？你最想得到的是什么？

假如有一辆没有方向盘的超级跑车，即使有最强劲的发动机，也一样会不知跑到哪里；同理，不管你希望拥有财富、事业、快乐，还是期望别的什么东西，都要明确它的方向在哪里，为什么要得到它，将以何种态度和行动去得到它。美国"成人教育之父"卡耐基说："我们不要看远方模糊的事情，要着手身边清晰的事物。"假设今天上帝给你一次机会，让你选择五个你想要的事物，而且都能让你梦想成真，你第一个想要的是什么？假如只要你选择一个，你又会做何选择呢？假如你生命危在旦夕，你人生最大的遗憾，是什么事情还没有去做或者尚未完成？假如给你一次重生的机会，你最想做的事情是什么？

如果发现了你最想要的，就把它马上明确下来，明确就是力量。它会根植在你的思想意识里，深深烙印在脑海中，让潜意识帮助你达成所想要的一切。

在这个世界上没有做不到的事情，只有想不到的事情，只要你能想到，下定决心去做，你就一定能得到。

巴拉昂是一位年轻的媒体大亨，以推销装饰肖像画起家，在不到 10 年的时间里，迅速跻身于法国 50 大富豪之列，1998 年因前列腺癌在法国博比尼医院去世。临终前，他留下遗嘱，把他 4.6 亿法郎的股份捐献给博比尼医院用于前列腺癌的研究，另有 100 万法郎作为奖金，奖给揭开穷人之谜的人。

穷人最缺少的是什么？

如果你所设定的目标是一只鹰，那你可能只射到一只小鸟，但如果你的目标是月亮，那你可能就射到了一只鹰。某些人之所以贫穷，大多数是因为他们有一种无可救药的缺点，即缺乏野心。他们所追求的只是一种平常、闲适的生活，有的甚至只要温饱就行，即有饭吃、有床睡，这些就恰恰使他们一辈子成为不了富人。因为他们的目标就是做穷人，当他们拥有了最基本的物质生活保障时，就会停滞，不思进取，得过且过，没有野心，从而让他们贫穷。古文中曾记载，仲永 3 岁便能成诗作文，才华横溢，但却满足现状不思进取，没有继续填充自己扬名天下的野心，终于泯没于众人。

翻开史业，让我们回顾一下在历史上曾有深远影响的人物，拿破仑在军事院校就读时曾立誓要做一名卓越的统帅并吞并整个欧洲，由此他的勃勃野心可见一斑。在学校期间，他将自己定位在一个很高的标准，严格要求自己，最终以优异成绩做了一名炮兵，开始了他的霸业之旅。成吉思汗扬言大地是我的牧场，有雄鹰的地方就有我的铁骑，造就了成吉思汗时代。同样，让我们来看一下中国近代。在改革开放的浪潮中，一批不甘平凡勇于挑战的弄潮儿们脱颖而出。借着改革的东风，他们几乎都成了浪尖上的人物，都富裕了。前不久，一些好莱坞的新贵和其他几位年轻的富翁就此话题接受电台的采访时，都毫不掩饰地承认：野心是永恒的特效药，是所有奇迹的萌发点。

巴拉昂逝世周年纪念日，律师和代理人按巴拉昂生前的交代在公证部门的监视下打开了那只保险箱，揭开了谜底：穷人最缺少的是野心——那成为富人的野心。

走自己的路，喊出自己的声音

俗话说：条条道路通罗马。成功之路有千万条，总是踏着别人的脚印前进而不敢越雷池半步的人，大约一生是碌碌无为的。只有敢走别人从未走过的路，敢于喊出属于自己的声音，才能独辟蹊径，才有成功的可能。

《新民晚报》报道了这样一个故事。在沈阳收破烂的王宝财一天突发奇想：如果把易拉罐熔化后卖是不是能多卖些钱呢？这样想他也这样试着做了。他把熔化后的金属块找专家化验，专家鉴定为是一种贵重的合金，目前市场还比较稀缺，于是他心中有了底。他印制了些传单发给收破烂的同行，把易拉罐的收购价从 7 分提高到 3.4 角，几天后他到他的收购点一看，一大汽车易拉罐等着他呢。后来怎样呢，三年来他赚了 270 万。

无独有偶，前些年看到一位煤矿退休职工把废渣变废为宝的事情，为国家挣得了几十亿的收入。

看来，想法确实值钱。这两则故事告诉我们，要优中选优，多想一想，多试一试，说不定成功就在这多试一次之中，你的命运也从此改变。

再看下面一个小故事：

一个星期六的早晨，在条件极差的情况下，一位牧师在准备讲道。

那是一个雨天，他的妻子出去买东西。

他的小儿子吵闹不休，向他要零花钱。

这位牧师正在看一本旧杂志，一页一页地翻阅，一直翻到一幅色彩鲜艳的大图画——世界地图。

于是他从那杂志上撕下这一页，再把它撕成碎片，丢在地上，对儿子道："小约翰，如果你能拼拢这些碎片，我就给你 2.5 角钱。"

牧师以为这件事会使约翰用去上午的大部分时间，没想到不到 10 分钟，他儿子就来敲他的房门了。

牧师惊愕地看着约翰如此之快地拼好了的那幅世界地图。

"孩子，这件事你怎么做得这么快？"牧师问道。

小约翰答道："啊，这很容易。在图画的背面有一个人的照片。我就把这个人的照片拼到一起。然后把它翻过来。我想如果这个人是正确的，那么，这个世界地图也就是正确的。"

牧师微笑起来，给了他儿子2.5角钱，说道："你也替我准备好了明天的讲道。"

"如果一个人是正确的，他的世界也就会是正确的。"这就是小约翰给我们的启示。

牧师的思路是不错的，如果要把这些碎片拼成世界地图，确实需要大半天的时间。

可是他的儿子却发现了一条捷径，从而省力省工。

这不能不算是一个小小的发明。这发明的思路就叫另辟蹊径——另辟蹊径为他赢得了一个小小成功的机会。

要敢于走别人不敢走的路。

第二章

成功都由信念开始，并由信心跨出第一步

你的成就之大小，永远不会超出你的自信心的大小。同样，你在一生中，假使你对自己的能力有严重的怀疑和不信任，就决不能成就重大的事业。

一个人的成就不会超过他的信念

一件事情是否做成，关键要看做事者对"可能"与"不可能"的认识。对于有坚强自信的人，往往可以使得平庸的男女，能够成就神奇的事业，成就那些虽则天分高、能力强但却疑虑与胆小的人所不敢染指尝试的事业。因此，只要努力，一切难关都被除掉，都会把"不可能"变成"可能"。

你的成就之大小，永远不会超出你的自信心的大小。同样，你在一生中，假使你对自己的能力有严重的怀疑和不信任，就决不能成就重大的事业。

不热烈、坚强地希求成功而能取得成功的，天下绝无此理；成功的先决条件就是自信。

河流是永远不会高出于其源头的。人生事业之成功，亦必有其大源头；而这个源头，就是梦想与自信。不管你的天赋怎样高，能力怎样大，教育程度怎样深湛，你的事业上的成就，总不会高过你的自信，"你能够，是因为他想你能够；他不能够，是因为他想他不能够。"

这世界上，有许多人，他们以为别人所有的种种幸福，是不属于他们的，以为他们是不配有的，以为他们不能与那些命运特佳的人相提并论。然而他们不明白，这样的自卑自抑，自己的抹杀，是可以大大地减弱自己的生命的，也同样会大大减少自己的成功机会。

有许多人往往想，世界上种种最好的东西，与自己是没有关系的；人生中种种善的、美的东西，只是那些幸运宠儿所独享的，对于自己则是一种禁果。他们沉迷于自以为卑微的信念中，则他们的一生，自然要卑微以殁世；除非他们一朝醒悟，敢抬头要求"优越"。广世间有不少可以成大事，而老死家中，默度其渺小的一生的男女，就因为他们对于自己的期待、要求太小的缘故。

自信心是比金钱势力、家世亲友更有助的东西。它是人生的最可靠的资本。

它能使人克服困难，排除障碍，使人的冒险事业终于成功，它比什么东西都更有效。

在普通人看来不可能的事，如果当事人能从潜在意识去认为"可能"，也就是相信可能做到的话，事情就会按照那个人信念的强度如何，而从潜意识中流出极大的力量来。这时，即使表面看来不可能的事，也可以完成。

不论是工作，还是缺资本。只要在不景气中喘息奔波而就能渐渐露出头角，这方面成功的例子很多。那是因为他能够不管别人说"那不可能"的话，而抱着"我一定要把那件事完成给你看"的信念之故。

为什么能够产生这种奇迹般的事？主要是有两种原因：

1. 拥有绝对可能的信念，就会在心底播下"好种子"，而从心底引起良好的作用。

2. 绝对可能的信念到达潜意识后，会从那里流出无限的能力来。

由此看来，许多不可能的事往往会变成可能，这种奇迹般的事是可能发生的，甚至有时在短时间内就会发生效果。

许多令人无法相信的伟大事业也有人能够去完成，其主要原因是，那些人都拥有不怕艰难的强烈信念。所以，要相信自己的力量，不要受周围声音的左右。能如此毅然地前进，成功之门就会为你打开。

一个人是否成功，就看他的态度了！成功人士与失败者之间的差别是：成功人士始终用最积极的思考，最乐观的精神和最辉煌的经验支配和控制自己的人生。失败者刚好相反，他们的人生是受过去的种种失败与疑虑所引导和支配的。

有些人总喜欢说，他们现在的境况是别人造成的。环境决定了他们的人生位置。但是，我们的境况不是周围环境造成的。说到底，如何看待人生，由我们自己决定。纳粹德国集中营的一位幸存者维克托·弗兰克尔说过："在任何特定的环境中，人们还有一种最后的自由，就是选择自己的态度。"

马尔比·D·巴布科克说："最常见同时也是代价最高昂的一个错误，是认为成功有赖于某种天才，某种魔力，某些我们不具备的东西。"可是成功的要素其实掌握在我们自己的手中。成功是正确思维的结果。一个人能飞多高，并非由人的其他因素，而是由他自己的态度所决定的。

我们的态度在很大程度上决定了我们人生的成败：

1. 我们怎样对待生活，生活就怎样对待我们。

2. 我们怎样对待别人，别人就怎样对待我们。

3. 我们在一项任务刚开始时的态度决定了最后有多大的成功，这比任何其他因素都重要。

4. 人们在任何重要组织中地位越高，就越能达到最佳的态度。

人的地位有多高，成就有多大，取决于支配他的思想。消极思维的结果，最容易形成被消极环境束缚的人。

一位名字叫作杰迈莉的小姐，她是一个幸福的人，她凭着本能，了解"因为有自己，所以有世界"的真理，并且已经深深地体会这种真理了。她的明朗绝非表面上的伪装，而是真正从心底发出的明朗。经常微笑，凡与她有所接触的人她都喜欢，换言之，只要是人，她就不得不喜欢。她觉得自己的工作很有趣，每天在公司很快乐。不管走到哪里，她都能散发出明朗的气氛来，人们很佩服她，也很欣赏她。她是六个兄弟姊妹中的老小，因为她的母亲身体状况不佳，生了第五个孩子之后，双亲便商量决定做永久避孕的手术，话虽如此，但其双亲仍有某种顾虑而未能真正实行，此时，又怀了杰迈莉小姐。她说："我很感谢母亲生下我!"

在这种情况下诞生的孩子，她的感谢当然和一般人对父母的感谢不同，她的感谢的层次要高得多。

造成杰迈莉小姐性格开朗的最重要的因素是她对能来到这个世界的感激之情。既然如此，她更知道这一个生命是何等的珍贵。她说一想到这点，就不得不以全心全意来爱自己的存在，因为她幸得诞生，所以才能到这家公司、做这一个工作、和这些人接触。一想到这里除了更爱惜和包容自己的环境外，不可能有别的心理。所以除了去爱这个世界以外别无其他方法。她甚至未曾想象何谓自己与外界之亲近的问题，每天都赞美着美丽的人生，快快乐乐地活着。对她来说，"心中要有太阳"不是训词而是一种本能。

她的家庭经济似乎不太宽裕，衣着都很朴素，可是她绝不哭泣，因为生存本身就是毫无残缺的满足和喜悦，所以她对人生所谓的艰难早已经绝缘了。

在苦难中磨砺自己的信念

德国大作曲家贝多芬由于贫困没能上大学，17岁时得了伤寒和天花，这之后，肺病、关节炎、黄热病、结膜炎又接踵而至，26岁时不幸失去了听觉，在爱情上他也屡屡不顺。在这种境遇下，贝多芬发誓"要扼住命运的咽喉"。在与命运的顽强搏斗中，他的意志占了优势，在乐曲创作事业中，他的生命重新沸腾了。英国诗人勃朗宁夫人15岁就瘫痪在病床，后来靠着精神的力量同病魔顽强搏斗，39岁时终于从病床上站了起来。她写的《勃朗宁夫人十四行诗》一书驰名于世界各国。

一个人可能会由于家庭、身体等种种原因而感到失意，但只要他内心深处坚信自己是能够有所作为、干一番事业的，这样，他就会产生战胜困难、向命运挑战的巨大勇气，而他的社会价值，也终会在所从事的事业中实现。18世纪德国诗人歌德，用26年的时间完成了一部不朽名著《浮士德》。作品完成后，他的秘书请他用一两句话概括作品的主旨，他引用浮士德的话说："凡是自强不息者，终能得救！"

在生活中的不幸面前，有没有坚强刚毅的性格，在某种意义上说，也是区别伟人与庸人的标志之一。巴尔扎克说："苦难对于一个天才是一块垫脚石，对于能干的人是一笔财富，而对于庸人却是一个万丈深渊。"有的人在厄运和不幸面前，不屈服，不后退，不动摇，顽强地同命运抗争，因而在重重困难中冲开一条通向胜利的路，成了征服困难的英雄，掌握自己命运的主人。而有的人在生活的挫折和打击面前，垂头丧气，自暴自弃，丧失了继续前进的勇气和信心，于是成了庸人和懦夫。培根说："好的运气令人羡慕，而战胜厄运则更令人惊叹。"

征服的困难愈大，取得的成就愈不容易，就愈能说明你是真正的英雄。当接连不断的失败使爱迪生的助手们几乎完全失去发明电灯泡的热情时，爱迪生却靠着坚韧不拔的意志，排除了来自各个方面的精神压力，经过无数次实验，电灯终于为人类带来了光明。在这里，爱迪生的超人之处，正是在于他对挫折和失败表现出了超人的顽强刚毅精神。

性格的刚毅性是在个人的实践活动过程中逐渐发展形成的。

如果你想培养自己承受悲惨命运的能力，你可以学着在自己的生活中采用下列技巧：

1. 下定决心坚持到底

局面越是棘手，越要努力尝试。过早地放弃努力，只会增加你的麻烦。面临严重的挫折，只有坚持下去，加倍努力和加快前进的步伐。下定决心坚持到底，并一直坚持到把事情办成。

2. 不要低估问题的严重性

要现实地估计自己面临的危机，不要低估问题的严重性。否则，去改变局面时，就会感到准备不足。

3. 做出最大的努力

不要畏缩不前，要使出自己全部的力量来，不要担心把精力用尽。成功者总是做出极大的努力，而面对危机时，他们却能做出更大的努力。他们不去考虑什么疲劳啦，筋疲力尽啦。

4. 坚持自己的立场

一旦你下定决心要突然冲向前去，要像服从自己的理智一样去服从自己的直觉。顶住家人和朋友的压力，采取你所坚信的观点，坚持自己的立场。是对是错，现在就该相信你自己的判断力和智慧了。

5. 生气是正常的

当不幸的环境把你推入危机之中时，生气是正常的。一方面对你来说重要的是要弄明白自己在造成这种困境中起了什么作用；另一方面，你是有权利为了这些问题花了那么多时间而恼火的。

6. 不要试图一下子解决所有的问题

当经历了一次严重的危机或像亲人去世这样的严重事件之后，在你的情绪还没完全恢复以前时，要满足于每次只迈出一小步。不要企图当个超人，一下子解决自己所有的问题。要挑一件力所能及的事，就干这么一件。而每一次对成功的体验都会增强你的力量和积极的观念。

7. 让别人安慰你

无论局面好坏，失败者总是一味地抱怨不停。结果当危机真的来临时，人们很少会信以为真和安慰他们，因为人们已经习惯了他们的消极态度，就像那个老喊"狼来了"的孩子一样。但是，如果你是个积极的人，平时能很好地应付自己的生活，那么，在困境中，你可以放心地把自己的懊悔和恐惧告诉别人，给别人以安慰你的机会，你理当得到这种支持，而且对于自己这种请求，你完全可以感到坦然。

8. 坚持尝试

克服危机的方法不是轻易就能找到的。然而，如果你坚持不懈地寻求新的出路，愿意在成功的可能性很低的情况下去尝试，你就能找到出路。要保持自己头脑的清醒，睁大眼睛去寻找那些在危机或困境中可能存在的机会。与其专注于灾难的深重，莫若努力去寻求一线希望和可取的积极之路。即使是在混乱与灾难中，也可能形成你独到的见解，它将把你引导到一个值得一试的新的冒险之中。

信念可以战胜所有的困境

对自己若缺乏信心，你无法找到自己的强项，你就不可能成功、快乐。自卑感会阻碍你达成愿望，反之，自信却可以把你推向成功的巅峰。相信自己，信任你自己的能力。这种心态重要极了，因为这些都是你无须向外索求的成功资本，你若不去探求发掘这些资本，你也就放弃了成功。打败自卑感——也就是深度自疑症——的最大秘诀就是将脑子填满信念。培养对自己的信心吧，这样一来，你将会有无往不利的人生。

若想建立自信心，先向自己暗示自信的念头很有效。假若你心中总是被不安全和缺陷等念头所侵占，让这些杂草主宰了你的思想，你就必须给自己另一套比较积极的思想，这需要你反复暗示自己，才能够做到。人每天为生活忙碌，若想使心灵成为动力来源，就需要进行思想训练。即使在工作之中，也可以将信心念头驱入意识。有人曾经做到这一点，让我们来看看他的故事吧。

一个冰冷的冬天早晨，一个男子到中西部某城市的一家旅社来找我，要带我到 35 里外的另一个小镇去演讲。我坐上他的车，在滑溜溜的路面上疾驶。我告诉他时间很充裕，不妨慢慢来。

他答到："别为车速担忧。以前我自己也充满各种不安全感，可是我一一克服了。当时我什么都怕。我怕搭汽车，也怕搭飞机，家人若不在，我总要担心到他们回来为止。我老是觉得一定会出什么事，生活得紧张兮兮。那时的我满怀自卑，缺乏信心。这种心态使得我的事业不太成功。可是我学会了一个了不起的方法，所有不安全感一扫而空。现在我活得充满信心，不只对自己如此，对生命的一切也大致如此。"

谈到这个"了不起的方法"，他指指仪表板上的两个夹子，并伸手从一个小盒子里拿出一沓小卡片，从中选了一张，插在夹子下。那上面写着"只要有种子般大小的信心……没有什么事是不可能的"。他一面开车一面抽掉这张卡片，手在卡片中翻捣，选出另外一张，放在夹子下。这张写着"上帝若帮助我们，谁能阻挡我们呢?"

他解释说："我是个推销员，每天的工作就是开车拜访顾客。我发现开车的时候脑中会闪过各种念头。假如是消极的念头，当然对我不利，我以前就是那样。我驾车时老想着恐惧和失败，难怪销售成绩不好。自从我使用这些卡片，并背诵上面的箴言，我改用另一种方式来思考。你猜怎么了? 往日萦绕心头的不安全感都神奇地消失了，我不再有恐惧、失败和无能等念头，反而怀着信心和勇气。这个方法使我整个变了一个人，实在太棒了。它对我的业务也有很大的帮助，如果心中老是想着我卖不出去任何东西，销售又怎能成功呢?"

他用的方法的确非常实用。他在心中肯定了自己的存在的价值与意义，思想遂完全改观。他不再受长年存在的不安全感支配，潜力发挥无遗。

如何建立自信呢? 下面是 10 条简单而可行的规则，成千上万的人采用之后都获得了成功。采取这些规则吧，你也能对自己信心十足。

1. 构思你自己成功的心像，牢牢印在脑海中。不屈不挠固守这幅心像，不容它褪色。你的脑子自然会产生出具体的画面。不要怀疑心像的真实性。这样最危险，无论情况显得多糟，请随时想象成功的画面。

2. 每当消极的想法浮上心头，请马上采用一个积极的想法来与之对抗。

3. 有意忽视每一个所谓的障碍，把阻力缩小。研究困难，做有效的处理，消除它，千万别因恐惧而把问题看得太严重。

4. 别过度敬畏别人，培养一种"自以为是"的心态。没有人能比你更好地扮演你的角色。请记住：大多数的人虽然外表看来很自信，其实往往跟你一样害怕，一样不信任自己。

5. 每天念 10 遍下面的积极语句："如果上帝帮助我们，谁能阻挡我们呢?"（暂时别往下看，充满信心地复述这句话。）

6. 找一个专家帮你找出自卑的主因。从童年研究起，认清自己对你有帮助。

7. 如果遇到困难遭到挫败，要拿出一张纸列出所有对自己有利的因素，这些因素不但可以让你变得积极，而且更能使自己冷静、客观地面对问题。

8. 确实评估自己的能力，然后再将它提高 10%。别太自负，但要有足够的自尊。

9. 相信你的能力无限之大。时刻不要忘记接受积极的思想，不给空虚、沮丧、疲倦留有侵袭的时间。

10. 提醒自己别和你的恐惧商量如何去做，而是采取主动积极的态度去分析问题、解决问题。

信心就是生命中的明星

热爱自己的生命就会树立一份坚强的自信。自信心是人生成功的重要心理。

一位高中毕业生到广州去应聘一份记账的工作。本来他就出生在会计家庭，父亲从小就教他算账、记账，他却没有自信，招聘人问他会不会记实物流水账时，他怯懦地说："我不会，我没做过。"很显然，他不可能争到这个岗位。

有自信就能应对各种困难，在任何情况下，都能调动智慧去克服面临的难题，没有自信，就会在困难面前认输，败下阵来。

日本的小泽征尔有一次去欧洲参加音乐指挥家大赛，决赛时，他被安排在最后一位。小泽征尔拿到评委交给的乐谱后，稍微准备，便全神贯注地指挥起来。突然，他发现乐曲中出现了一点不和谐。至此，他认为乐谱确实有问题。可是，在场的作曲家和评委会的权威人士都郑重声明：乐谱不会有问题，是他的错觉。面对几百名国际音乐界的权威人士，他难免会对自己的判断产生犹豫，甚至动摇。但是，他考虑再三，坚信自己的判断是正确的。于是他斩钉截铁地大声说："不。一定是乐谱错了。"评委席上的那些评委们立即站了起来，向他报以热烈的掌声，祝贺他大奖夺魁。

原来这是评委们存心设下的一个圈套，以试指挥家们在发现错误而权威人士不承认的情况下，是否能坚持自己的正确判断。因为只有具备这种素质的人，才能真正称得上世界一流的音乐指挥家。三名选手中，只有小泽征尔坚信自己的判断不会错，而大胆地否定了权威们的意见，因而获得了这次世界音乐指挥家优秀奖。

缺乏自信的人在权威面前只有俯首称臣，不敢相信自己，只能相信权威，只有自信心极强的人才能坚持自己的看法而无视权威的地位。小泽征尔就是因为自信而取胜的。

热爱自己的生命就是要相信自己生命的价值，相信自己会获得成功。有了这一点就有了成功的机会。

韩信年轻时，一群无赖地痞故意刁难他，让他从人家的胯下爬过去。面对这种羞辱，韩信没有恼羞成怒，而是顺从地爬了过去，仍然走他的路。

为什么韩信能忍受这种奇耻大辱呢？因为他心中有更高、更大、更宏伟的目标，并且他对自己充满了自信。

美国有史以来少数几本最伟大最具鼓励性的书籍中，有一本是克劳德·布里斯托尔所写的《信念的魔力》，是最具科学性和说服力的。他真心相信这项精神原则："只要你有坚定的信念，事事皆有可能。"

布里斯托尔在他的著作中，强调由强烈信念所引起意志力量是很伟大的，而且不致产生愚昧的疑惑。他同时也强调，在实现某一特定目标时，意志会发挥惊人的力量。在达成目标的多项技巧中，有一项是他经常建议使用的，就是取出5张3寸宽5寸长的卡片，在其中一张上面简明而确实地写下你的希望，你全心全意渴望要得到的事物。然后，再把它抄写在另外4张卡片上。把一张放入你的皮夹或钱袋中；另外一张摆在你刮脸或化妆用的镜子前；一张放在厨房水池边；一张放在你车上的工具箱里；最后一张放在你的桌上。每天用心注视卡片，同时把这个心理形象牢牢钉在意识中。想象你的目标现在已经进入实现的过程中。这个方法的效果，可由《信念的神奇力量》的数万名读者和实行者得到证明。这本书是表达积极思想的伟大著作之一。

如果我们分析一下那些伟大的事业和那些成就伟业的人物，那么，我们就会发现，这些人物最明显最杰出的品质也是自信；绝对相信自己有能力取得事业成功的人往往最有可能成功，即使这种信心在局外人看来像是有勇无谋，甚至是鲁莽加愚蠢，他们仍然坚持着。不单单是这种信心的主观作用使得他们收到成效。而且，他们的自信作用于其他人也使他们受益匪浅。当一个人感到自己能把握时，他谈起话来就显得信心十足，他就会展现胜利的征兆，他就会克服其他人身上存在的那种怀疑。每个人都相信这样的人能完成他所从事的事情。世人都相信征服者，相信那些胸有成竹、自信必定成功的征服者。

我们相信那种留给我们强有力形象的人，但如果他们没有坚强的信心就不可能做到这一点。当他们心中充满怀疑和忧虑时，他们也绝不可能给我们留下强有力的印象。一些人在他们的神情举止和气度上便表现出了必胜的信心。我们第一眼看到他们时，就会信任他们。我们相信他们的能力，因为他们展现了自己的能力。

一个总是怀疑自己能否精通经商之道的年轻小伙子，一个从心底里就不相信自己能成为一个合格商人的年轻小伙子，需要多少时间才能成为一个真正的商人呢？这种不战自败的心态使人难以成就大事。欲成就大业的人，其心态就好像指引人生的灯塔。任何事情观念必须先行，要织网首先必须有图案，同样，理想总是走在行动的前面。我们总是面向着信心所指的方向。正是我们相信"我能行"的观念使得我们成就斐然。

如果一个年轻人对自己将来赚钱致富一点信心都没有，如果他一开始就以为仅仅只有少数几个人能发财致富，而大多数的人都将是穷光蛋，他也许就会成为这大多数穷光蛋中的一个，那他要花多长时间才能发家致富呢？

如果一个小伙子总是大谈特谈自己不可能上大学，如果他总是抱怨自己没有机会，没有钱，没有人能帮他，如果他总是认为，不依靠他人自己就绝无可能上大学，那他又需花多少时间才能圆自己的大学梦呢？

如果一个失业的年轻人总是否认自己能找到工作，并总是说"我真没用"，那他需要多长时间才能得到他梦寐以求的好职位呢？

曾经有几个决心要成为律师、医生或商人的年轻人，但是，意志极其脆弱，他们的决心也不坚强，因此，他们一遇到困难便目瞪口呆，便沮丧气馁。在他们准备大干一场之前，往往就因为意志不坚而偃旗息鼓了。这些年轻人的想法好像总是在不断地变化。

也曾经有几个决意从事自己喜欢的职业的小伙子，他们精力充沛、刚毅坚强，仿佛什么也不能动摇他们的决心，因为坚强的自信是他们生命特质的一部分。

在我们的每一种工作或职业中，我们都需要他人的信任。我们需要他人相信我们能执行计划，能生产出优质的货物，能管理、驾驭员工，能完成雇主或公众委托的众多事务中的任何一项。生命真是太短暂了！我们没有足够的时间去对他人自信具有的能力做详细的调查，因此，世人在很大程度上都承认他人的自我评价，除非他在实际做事过程中辜负了他们的信任。一个医生无须向他的每个病人表明他已经学习过一些课程并通过了一些专业考试。如果一个年轻小伙子挂牌开始律师业务，那么，世人理所当然地会认为他完全适合从事他的工作，除非有证据表明他真的不行。

在一群能力和教育相当的年轻朋友或年轻同学之间，你会看到其中的一个勇往直前、进步神速，而其他人则等着人们去发现他们。但世人实在太忙，无暇去细细找寻他人身上的美德。人们理所当然地认为，你能胜任你自己宣称能做的事情，除非你最终向他人表明了你的无能。

承认缺乏能力，给暂时的怀疑让路也就等于给失败大开方便之门。不管我们的人生之路显得多么阴沉黑暗，我们绝不能容许自己的信心有一时半刻的动摇。没有任何东西能像我们心中的疑团一样能迅速地毁灭他人对我们的信任。许多人之所以遭到失败，原因在于他们表现出了沮丧低落的情绪，在于周围的人们因此而对他失去了信心。

如果你总是自我评价很低，如果你总是贬低自己，几乎可以肯定，他人肯定不会刻意去抬高你。人们通常不会费力去仔细思量你是否自我评价太低了。

我们从未见过一位自我评价很低的人干成过一件惊天动地的大事。一个人的成就绝不会超过他的期望。如果你期望自己能成就大业，如果你强烈要求自己干一番大事，如果你对自己的工作有更大的抱负，那么，与自我贬低和对自己要求不高的心态相比，你会获得更大的收获。

如果你认为自己处于特别不利的境地，如果你认为自己不像其他人，如果你认为你跟其他人不同，如果你认为自己不能获得别人那样的成就，如果你怀有这些思想，那么，你根本就无法克服前进路途上的那些阻碍和束缚。这种思想意识使得你根本无法成为你心中渴望的人物。

不断地自我贬损的人，总是把自己看得微不足道的人，总是认为自己不过是活在尘世上的一条可怜虫的人，总是认为自己绝无可能取得任何重大成就的人，会给人们留下相应的印象，因为他们怎样感觉，他们看上去就会怎样。

你对自己，对自己的能力、地位、重要性和社会角色的评价，将会在你的表情上显现出来，将会从你的行为举止中显现出来。

如果你感觉自己非常平庸，你就会表现得非常平庸。如果你不尊重你自己，你会将这种感觉写在你的脸上。如果你自我感觉欠佳，如果你对自己总有喋喋不休的意见，那么，可以肯定，没有什么非常宝贵的东西会降临到你的身上。无论你自信具有什么特质，你都会将这些特征展现在人们面前，人们将对你的各种特质留下印象。

另一方面，如果你总是向往着你渴望拥有的那些品质，那么，那些品质逐渐就会归你所有，你就会将它们印在脸上，印在你的行为举止中。要看起来很高尚，你的内心必须要感觉到很高尚。在这种优秀品质显现在你的脸上和行为举止中之前，你的思想中必定首先具有这种优秀品质。

一个自信的人才会勇往直前

1901 年诺贝尔文学奖设立后的第一个获奖者苏利·普吕多姆在与年轻人对话中曾说："人类常幻想飞鸟的探险，却不敢进一步给予跟飞翔同样大胆的意志！"

多么精彩的论断，成功乃是先天固有的。它依赖于心灵和肉体的健康条件，依赖于工作能力，依赖于勇气；它在延续世界这个方面起着主要的作用。尽管对于一件商品而言，它极少处于正常的状态，而是常常显得过多过滥，因而使它具有危险性和毁灭性；然而人们却少不了它，而且必须以这种形式来拥有它，想办法来融入它。

信心是一个人经营强项的一块伟大的奠基石。在人们作出努力的所有方面，信心都能造就奇迹。谁能估计人们取得伟大成就过程中信心的巨大作用力，谁又能估计那种有助于消除障碍、有助于克服各种艰巨困难的信心的巨大作用力。在《圣经》中，"你的成功取决于你的信心"这一观念一再得到重申。

大家知道，正是信心使人们的力量倍增，更使人们的才能增加数倍；而如果没有信心，你将一事无成。即使是一个强有力的人，一旦他对自己或对自己的才能失去信心，那他就会被迅速地剥夺一切力量，变得不堪一击。信心是主观和客观之间，或者说是你的灵魂与肉体之间的一个巨大的联系环节。信心能开启守卫生命真正源泉的大门，正是借助于信心，你才能发掘伟大的内在力量。

你的人生是辉煌还是平庸，是伟大还是渺小，与你信心的远见和力量成正比。

许多人不"相信"他们的信心，因为他们不知道信心为何物。他们把信心混同于幻想或想象。信心是一种精神或心理能力，这种东西不能被猜测、想象或怀疑，但能被感知；信心能洞悉全部人生之路，而其他的心理能力则只看到眼前，不能深谋远虑。信心能提升一个人，对人们的理想也有十分重大的影响。信心能使我们站得高，看得远，能使我们站在高山之巅，眺望远方看到充满希望的大地。信心是"真理和智慧之光"。告诉一个孩童说，他将一事无成，他是一个无足轻重的人，他不能取得其他人取得的那种成就，通过这样做去毁掉一个孩童的自信心几乎就是一种犯罪。父母们和老师们很少意识到，那些幼小的心灵是多么的敏感，极易受到任何暗示或意指他们无能的话语的影响。

与其他任何事情相比，暗示人的无能所导致的个人痛苦和个人悲剧，以及引起的个人失败要多得多。即使是最好的赛马，如果其信心受到破坏，那它也不可能赢得奖项。信心也是训练员十分注意让赛马保持的东西，因为赛马对自己能赢得胜利的信心，是它最后能胜出的一个十分重要的因素。

正是信心解放了你的力量，使得你能充分施展自己的才华。信心是一切时代最伟大的奇迹制造者。凡是能增强你自信心的东西都能增强你的力量。世界上成就斐然者的显著特征是，他们无不对自己充满极大的信心，他们无不相信自己的力量，他们无不对人类的未来充满信心。而那些没有做出多少成绩的人其显著特征则是缺乏信心，正是这种信心的丧失使得他们卑微怯懦、唯唯诺诺。坚定地相信自己，绝不容许任何东西动摇自己有朝一日必定会在事业上取得成功的信念，这是所有取得伟大成就的人士的基本品质。绝大多数极大地推进了人类文明进程的男男女女开始时都落魄潦倒，并经历了多年的黑暗岁月，在这些落魄潦倒的黑暗岁月里，他们看不到事业有成的任何希望。但是，他们毫不气馁，继续兢兢业业地刻苦努力，他们相信终有一天会柳暗花明，事业有成。想一想这种充满希望和信心的心态对世界上那些伟大的创造者的作用吧！在光明时刻到来之前，他们当中有多少人在枯燥无味的苦苦求索中煎熬了多少年呀！要不是他们的信心、希望和锲而不舍的努力，这种光明的时刻、这种事业有成的时刻也许永远不会到来。

你今天正享受着那些有着坚贞不渝信念的人馈赠给你的众多恩惠、舒适和便利。而这些有着坚贞不渝信念的人却在贫乏和悲伤的生活中苦斗了多年，甚至于那些最亲近的人也不同情或相信他们。信心是天才的最佳替代物。事实上，信心与天才是近亲，信心与天才常携手。信心是每一项成就的伟大领航者。信心给你指明了通向成功、走向辉煌的道路。信心是知晓一切的能力或本能，因为它看到了人们身上的发展前途。在敦促我们成就大业方面，信心绝不会有丝毫犹豫，因为信心看到了你身上那种能成就大业的潜能。

到目前为止，还没有哪个人能对信心这一真知作出过令人满意的解释。这种使人忠于职守，这种使人在极其艰难困苦、令人心碎的形势下仍然鼓起勇气和怀有希望的信心到底是什么呢？这种使人能坚毅地甚至心甘情愿地忍受各种痛苦和贫穷的折磨的信心又是什么呢？这种使人在即使不名一文之后、即使在他的家人和他最心爱的人误解他或不信任他的时候，也能坚持住并恢复他人对他的信任的信心又是什么呢？这种使人坚持和振作因而能忍受一切磨难的信心又是什么呢？要是没有这种信心，这些磨难可能足以让他死一百次。世人总是对那些明显已丧失一切，却仍然对他们全身心投入的事业抱有信心的英雄们惊讶不已。

信心总是先行一步。信心是一种心灵感应，是一种思想上的先见之明，这种先见之明能看到肉眼所看不到的景象。信心是一个导游，它帮我们开启紧闭的大门，它能看到障碍背后的光明前景，它帮我们指点迷津，而那些精神能力稍差些的人是看不到这条光明大道的。

导致那些伟大发现的往往是高贵的信心而非任何怀疑畏难情绪。是信心，是高贵的信心一直在造就伟大的发明家和工程师，以及各行各业辛勤努力而又成就斐然的人们。那些对将来丝毫不存恐惧之心的年轻人往往都是深信自己能力的人。自信不仅仅只是困难的克星，自信还是贫苦人的朋友，也是贫苦人最好的资本。无资财但有巨大自信心的人往往能鬼斧神工般地创造奇迹，而光有资财却无信心的人则常常招致失败。

如果你相信自己，那么与你贬损自己、缺乏信心相比，你更可能取得巨大的成就。如果你能衡量自己的信心大小，那么，你便能据此很好地估计自己的前途。信心不足的人不可能发掘强项，不可能成就大事。如果一个人的信心极弱，那他的努力程度也就微乎其微。

选择适应还是选择改变

一位搏击高手参加比赛，自负地以为一定可以夺得冠军，却不料在最后的竞赛上，遇到一个实力相当的对手。双方皆竭尽了全力出招攻击，搏击高手警觉到，自己竟然找不到对方招式中的破绽，而对方的攻击往往能够突破自己的防守。

他愤愤不平地回去找他的师父，在师父面前，一招一式地将对方和他对打的过程再次演练给师父看，并央求师父帮他找出对方招式中的破绽。

师父笑而不语，在地上画了一道线，要他在不擦掉这条线的情况下，设法让这条线变短。

搏击高手苦思不解，最后还是放弃继续思考，请教师父。

师父在原先那条线的旁边，又画了一道更长的线，两者相较之下，原先的那条线看来变得短了许多。

师父开口道："夺得冠军的重点，不在于如何攻击对方的弱点。正如地上的长短线一样，只要你自己变得更强，对方正如原先的那条线一般，也就无形中变得较弱了。如何使自己更强，才是你需要苦练的。"

大自然的法则就是：物竞天择，适者生存。现在是竞争时代，这是世人皆知的道理。人们所欣赏的那些成功人物都是通过竞争和不断地创新而逐渐脱颖而出，成为各个领域的佼佼者的。他们具有常人所不具备的坚韧毅力，勇于创新，不断进取。真可谓与天奋斗，其乐无穷；与地奋斗，其乐无穷；与人奋斗，其乐无穷！

天才人物并不是天生的强者，他们的竞争意识与自我创新力并非与生俱来，而是后天的奋斗逐渐形成。通过学习，谁都能有胆有识，敢于竞争，敢于创新。

不要因为弱小而不敢与人竞争，也不敢轻易创新。弱者有自己生存的方式，只要相信弱者不弱，勇敢面对敌人，我们同样能培养出竞争意识和自我创新力。

从香港渔村南丫岛闯到好莱坞的国际演星周润发，曾从事过不少现在年轻人嗤之以鼻的工作，他以亲身经历向年轻人说明，职业无分贵贱，要学习适应逆境。

发哥说："工作无分贵贱，我做过电子厂、信差、BellBoy（门僮）与杂工，日薪 8 元我都做过。电视台第一份合约月薪 500 元、第二年 700 元，最红时拍电视剧《狂潮》，月薪也只是 700 元。那又怎么样？有工作寄托起码有奋斗心，不要说'贡献社会'那么伟大，但可以证明自己的存在价值。工作是人生经历，我的工作经历，对演艺生涯十分有帮助，每个行业的人都要靠经验摸索成长。"

发哥勉励处于逆境的人：自己面对困难、逆境从没有灰心过，关键是以平常心面对。

自然界有一条定律，弱者自有自己的空间。的确，无论强者弱者都有一套适应自然法则的本领，只要你认真地生活着，并不十分在意自己的强大与弱小，只要拥有自己的游刃有余的空间，充分发挥自己的优势，到那时，你的优势会弥补你的不足，你定能获得别人也许苦苦求索也无法得到的东西。

要正确地认识自己的一切，还应该善于变换角度看待自己所面临的一切。

譬如照相，同一景物，从不同角度拍摄，就会得到不同的形象。对待厄运也是这样。我们应当看到，偶然与不幸是生活的组成部分，但它仅仅是生活的一小部分。在我们的整个生活中，还有那么多的欢乐和幸福的事情，我们为什么不去注意它们，而要对自己的一些创痛念念不忘呢？有的人在厄运袭来时，就觉得自己是天底下最倒霉的人。其实，事情并不完全是这样。也许你在某件事上是"倒霉"的，但你在其他方面可能依然很幸运。和那些更不幸者相比，你或许还是一个十分幸运的人。英国作家萨克雷有句名言："生活是一面镜子，你对它笑，它就对你笑；你对它哭，它也对你哭。"的确，如果我们以欢悦的态度微笑着对待生活，生活就会对我们"笑"，我们就会感受到生活的温暖和愉快。而我们如果总是以一种痛苦的、悲哀的情绪注视生活，那么生活的整个基调在我们心中也就会变得灰暗了。

我们还可以这样认识顺境和逆境：人们固然乐于接受顺境，不欢迎逆境，但是，逆境也可以砥砺人生，增长人的才干，使人通过破除障碍和不良情绪而得到新的突破与发展，心理达到更高层次的平衡；而顺境，则也可能使人怀安丧志，一事无成。中国古代有个故事，说的是公元前 657 年，晋国君主晋献公听信夫人骊姬谗言，逼死太子申生，逼公子重耳出逃在外。重耳立志回国继位，振兴家园。后来，他在齐国娶了妻子，又接受了齐桓公馈赠的 20 辆马车，很感满足。其妻见状，痛心疾首，劝勉他："行也！怀与安，实败名！"意思是：您且行动吧，满足现状是会毁掉一个人的前途的！重耳从此振作起来，几年后夺回了王位。根据这个故事，人们引申出"怀安丧志"这个成语，告诫人们：迷恋、苟安于享受，就会变成碌碌无为的庸人。

水可载舟，亦可覆舟。顺境和逆境，在一定条件下是会互相转化的。面临厄运时我们如果能够适当地变换思维的角度和方式，多从其他方面重新评价和审视所遭遇的挫折，也会有助于摆脱自己所处的困境。

大家都热爱自己的工作吗？工作累吗？即使累，然而幸福吗？如果是自己的选择，如果真心喜欢自己的工作，那么再苦再累也是值得的。上帝对每一个人都是公平的，只要你愿意在正确的方向付出，只要你愿意坚持，总有一天会有属于自己的收获。

有这样一个家庭，家中的生活一向很拮据，尽管一家六口已千俭万节了，可父母双方微薄的工资才仅仅够糊口，但他们却很乐观，时常鼓励儿女："孩子们，迎着困难走下去，我们总有办法的。别忘了，我们还有那只玉镯呢。"那是爷爷奶奶的唯一的遗产，孩子们没见过，但妈妈说那可是件价值连城的老古董呢，必须在万不得已的情况下才可以用。这给儿女们增添了不少信心：他们毕竟有个依靠。

每到月初，精打细算的母亲便把那叠不多的钱细心地分成一小叠一小叠：这是本月的水费，那是伙食费……最后只剩一两个可怜的捆儿。但是有一个月，母亲怎么分也不够用，因为最小的妹妹也要上学了。父母锁紧了眉头，这钱是如何都周转不过来了。一家人沉默不语。姐姐打破沉默，小声说："妈，卖掉那玉镯吧。"仍是一片沉默。只见做父亲的掏出自己的一份钱说："我戒烟吧。"母亲眼里透出了一片感激，接着，读大学的哥哥也退还自己的一份："我明天就去找个兼职。"于是左减右删，他们还是保住了那生活的唯一依靠。

此后，这个家庭常遇到厄运，但父母总是说："没到万不得已的时候，决不动用玉镯。"而兄妹们也不再为艰难的生活而恐惧，他们的心里和爸妈一样踏实而有信心：毕竟我们还有个玉镯呢。

直到哥哥姐姐出来工作后，他们再也不用吞咽生活的苦水。母亲打开了那只"宝盒"，令他们万分惊讶的是，里面空无一物。儿女们霎时明白了爸妈的用心。多年来，鼓励他们闯过一个又一个难关的，不是那只价值连城的玉镯，而是父母那比玉镯更有价值的对生活充满信心永不屈服的乐观与坚毅。

回首那段辛酸的生活，回味父母在困境中的乐观与不屈，这对几个孩子来说，它的价值是物质所不能衡量的。带着这种品质，他们将坚定地走在崎岖的人生道路上。

你要坚定自己的信念，不要动摇。就像挖水井，你首先必须找到你认为有水源的地方，然后坚持往下挖。如果水源离地面 50 米，你每次只挖到 40 米就放弃，而去找另一个地方再挖，那么，不管你付出多少汗水，都将会白费力气，最多是自欺欺人地告诉自己："我又多了一次失败的经验。"

找到属于自己的工作的人们，面对工作上的困难，面对不顺，不要垂头丧气，不要轻言转换工作，再坚持一会儿，霉运就会过去，再坚持一会儿，就会出现转机。

肯定自己，就是对未来的认可

托尔斯泰的长篇小说《安娜·卡列尼娜》的结局是不幸的，安娜最后卧轨自杀。这是一出典型的悲剧：一颗处于上层社会的心爱上了一位年轻伯爵，当象征爱情的火花刚刚擦亮时，又被象征现代文明的火车熄灭。时至今日，对于安娜爱情的悲剧的启示可谓是"仁者见仁，智者见智"，但万"辩"不离其宗：安娜的悲剧不仅仅是一个贵族妇女的悲剧，而且是当时整个社会的悲剧。

一个人有多大的勇气肯定自己呢？一个妇女又有多大的勇气肯定自己"悖于社会道德"的行为呢？

社会从"夫字天出头"到资本主义社会，妇女被置于社会中任意摆布的地位，甚至是男人的附属品。古今例子举不胜举，被枪杀的苔丝德梦娜，香消玉殒的茶花女，沉江的杜十娘，夭折的林黛玉……一个个想逾越雷池的女人把历史染得血迹斑斑。历史曾这样评价过她们：她们就好像是一棵脆弱的藤萝，紧紧依偎在大树的身上，没有权利说话没有资格思考，而这藤萝本可以长成大树，却因为世俗的狂风摧残使其夭折。然而李清照、武则天、慈禧她们应该庆幸，虽然她们最终还是树与树的牺牲品，但毕竟历史还是将她们记住。西施、赵飞燕、貂蝉，她们在哭泣之后应该欢笑，几经曲折她们的故事还是走出了似海的宫门，烟锁的重楼。

安娜虽有勇气去冲破世俗，但是依据世俗评论的态度来看待自己的行为却始终困扰着她那颗勇敢的心。在她的观念中抛夫弃子绝对是罪恶的堕落的是不可饶恕的，不管丈夫是不是自己的爱人，那个家有没有快乐，有没有属于自己那份爱情。因此在对伯爵表明心迹时她内心产生了一种重压，摧残了她爱伯爵的坚强的心理力量，扭曲了她的性格。可见世俗观念在她心中的影响，也可以说她的意识从未脱离过她所生活的上流社会。她有勇气为爱情迈出大胆的一步，却没有勇气肯定自己。她成了世俗观念的维护者，也成了世俗观念的牺牲品，在她病危时，她并没有对生命、对伯爵表现出眷恋。只是一味地忏悔："我要的是你的宽恕。"永远都不会去怀疑这个世界。后来在生命弥留之际，她以"上帝，宽恕我的一切吧！"来告别人世。

安娜内心的意识对于自己行为的判决，造成了一个悲剧，但你的判决可以和她不一样。尽管我们现在的社会观念已经相当开明，但精英人物的思维理念总是不被大众所轻易接受，一个叛逆者与先行者要承受比普通人更大的压力。在这种情况下，唯有你自己给自己支撑，自己给自己自信，自己肯定自己。坚信自己的理念与行动是正确的，让时间来检验它的正确与否，而不是众人的评价与判决。

你应该对自己说：我现在的生活，我今后的一生，不管遇到什么事，不仅不会像过去那样毫无意义，而且还具有明确的善的意义。这是我能做到的。

怎样让自己不坐失良机呢？至关重要的是要有自信心。

苏联有这样一个故事：一位工程师爱上了一位年轻的女大学生，这对他个人生活来说，无疑是一个机遇。他向她求爱。女大学生逃避他，因为她已经有了男朋友。但这位工程师还是经常出现在女大学生面前，给她送鲜花，向她表白。女大学生的男朋友知道了以后担心自己结局不妙，竟主动中断了与女大学生的关系。不久女大学生又结识了另一个男朋友。工程师得知后竟写信给这位男朋友说："我是世界上唯一能以全身心爱她的人，这一点你做不到。"男朋友在自信心上较量不过工程师，也主动退出了情场的竞争。这时，女大学生年龄渐渐大了，她向法院起诉，说工程师有跟踪、恐吓、侵犯人权等罪，法院当庭判决工程师45天拘役。当原告、被告一起走出法庭大门时，女大学生觉得自己有点过分了，工程师却向她笑了笑说："亲爱的，45天以后我再来找你。"这时，女大学生被工程师扑不灭的热情和坚强的自信所打动，转身回到法庭，要求撤诉。后来两人终成伉俪。

这个故事富于浪漫色彩，但它包含的生活哲理是耐人寻味的。自信心的确是影响事情成败的重要因素。倘若他犹疑了，倘若他对自己丧失信心了，那就将失去机遇，失去她，失去幸福。

莱奇缝纫机公司总裁利昂·乔森先生现在腰缠万贯，而几年以前，他还只是一个贫穷的波兰移民，连英语也不会说。报纸在报道他的巨大成功时，引用他的话说："我有毫不动摇的信心，在成功路上的每一步，我都寻求它的指导，我用我的头脑和双脚工作。"

再看一个相反的例子：著名乒乓女运动员韩玉珍，在世界强手面前因患得患失而失去自信，竟用小刀将自己的手刺破，声称有人行刺而逃避比赛。在后来的一次国际乒乓邀请赛上，她与日本深津尚子争夺冠军。在 2：0 领先的情况下，深津逼上几分，韩玉珍意志就垮下来。以致最后败北。

世乒赛，对一个运动员来说是不可多得的机遇。然而韩玉珍痛失了。这是多么让人遗憾呵。可见对一个人来说，坚强的自信和意志是多么重要。

自信心是征服机遇的极为重要的素质。同样是机会，自信的人可以得到和驾驭机会，获取成功，没有自信心的人则只能望洋兴叹，自愧不如。

赢得机遇必须首先树立信心。树立信心的前提就是战胜自卑。不少人有着强烈的自卑心理，如果不及时不尽快克服，或者治疗，或许会让整个一生都黯然无光。心理学家认为，自卑感是一种被自己想象中的缺陷所致，以为自己没有希望。其实，想象中没有希望（可能实际上不存在）不是多余的吗？自卑感，显然是想象中的东西，然而，它却会产生实际上的自信丧失、不安、恐怖、悲观等等病状。

你的自信，有没有稳固的基础？试答下列题目；你便能判断自己的自信强度。

1. 你会把过错转嫁给别人吗？

2. 在家里或单位，你会向别人咆哮吗？

3. 在别人面前，会不会老担心着别人对你有看法？

4. 是不是常有"今下如昔"的感觉？

5. 与生人见面会不会胆怯？

6. 工作如果遇到新事情，会不会心慌？

7. 失业可怕吗？

8. 怕找新职业吗？

9. 每当上司找你谈话时，你会忸怩不安吗？

九题中，如果有一个"是"或类似肯定的答案，那便是危险的信号。

战胜自卑的途径，在于分析自卑心理。比如，确定你的问题属于以上九题中的哪一种，然后溯本穷源，追根到底，排除心理障碍。此为一。

第二，正确评估自己的才能与特殊技能。你不妨把自己的价值写在纸上，一五一十客观地分析、把握自己的能力。比如，你会写文章啦，你善于应酬呀，你会打字啊等等。如此一摆，你必定发现自己原来颇有能力，比起同龄人，还要优越得多。

第三，不要太宽容自己。自己的问题，必须认认真真、堂堂正正地正面解决。如果你怕在大众面前说话，就应找机会毅然在大众面前说话。如果你觉得应该让上司要求加薪，就不应迟延，立刻直接要求；结果不是同意，便是没有消息，但无论如何总比闷在心里好得多。

第四，向工作迈进。与其害心病，不如立刻行动。你将因完成了工作，而逐步建立信心。有自信心，不但可得到物质的报酬，还能获得人家的赏识与赞扬。这是一种连锁反应。自信助你完成工作；工作的完成让你更加自信。这种连锁反应又成了向成功迈进的催化剂，你将担当更大的责任，走上更重要的岗位。

第五，踩在名人和巨人的肩膀上。《科学史》一书作者沙玉彦说过："研究科学必须破除成见，决不能因为这是古人已说过的，就很相信。尤其是对于那些名人的言论，更不能因为他名誉很大的缘故，就无论哪样都是正确的……"牛顿认为：光是由一道直线运动的粒子组成的，即所谓光的"微粒说"。也许是由于牛顿的巨大权威吧，18世纪整整一百年间光学研究没有任何重要进展。1801年，一个勇敢的物理学家托马斯·扬站了出来。他说："尽管我仰慕牛顿的大名，但我并不因此非得认为他是百无一失的。我……遗憾地看到他也会出错，而他的权威也许有时甚至阻碍了科学的进步。"正由于托马斯·杨没有被牛顿的权威所吓倒，敢于创新，所以在发展光的"波动说"方面作出了重大的贡献。这难道不能给我们一点启示吗？

你有了健康的心理素质，有了充分的自信心，就意味着你有了捕捉机遇这只鱼的坚实的网。有网不怕没有鱼。

培养自信心——这是战胜挫折、赢得机遇的前提，也是切实的方法。

第二章

能承担多大的责任，就能取得多大的成功

如果你努力进取，积极向上，就必须担起责任，如果你作出决定，并对这些负全责，你就向优秀的目标迈进了一步。

成功的原动力即是担负责任

很多青年人都没有固定的原则，也没有什么目标，要不就是极易受到某种卑劣的原则和目标的影响。这话听起来有些消极，但事实的确如此。在这个问题上，应该强调一下某些因素的重要性。

人行事的动机是什么？首先应该是追求自己的责任。得到责任是一个人人生的主要目标之一。不管是说话还是做事的时候，你都想千方百计地去享受责任。但是在通往责任的道路上，有时你会走一些弯路，或者是因为你缺少友善的向导，或者有了向导你也不愿意去跟从，但更普遍的一个原因是，你容易安于现状，一点小小的满足便会让你停滞不前，这种满足尽在眼前且真真切切，但其实前面还有无限美好的东西在等待着你，只不过你要走更远的路才能得到它。

其二，接下来讲一下你的家庭对于你的重要性。说句真话，你永远不可能完全弄清楚你应该对亲人尤其是你的父母应尽多少义务，或许只有忘恩负义、不忠不孝的痛苦才会对你有所启发。你不可能知道——除非当你也为人父母时——你的亲人们对你是多么的牵肠挂肚。但如果你现在还对此没有半点概念的话，你就不配做父亲或母亲。

其三，你行事的动机还和你的生活环境、社交圈子有很大的关系，在这些因素的影响下，你能够塑造一个非常高尚的品格。但年轻人很难察觉到，如果你们愿意，在你们的能力范围内，能够给你周围的人带来多少责任？另外，要注意老人朋友们给予你们的建议和指导。

其四，你要树立远大的理想，因为你生在这个国家，活在这个时代。这本书是为当代青年量身定做的。

亲爱的朋友们，现在是你们决定能否肩负起这个艰巨任务的时候了。我们的国家拥有最伟大的民族，它能不能成为最美好的国家就看你们的了。每个国家都是由个人组成的，你们也在其中，其实你们每天都应该鼓励自己："我们应该竭尽全力创造一个称职的政府，使得全体人民满意，我们应该拥有一个健康向上的社会风气，使人民身心健康，衣食不愁，然后努力发掘人的主观力量，让全国人民都精力充沛、奋发向上、无忧无虑。"

在行事的动机中还应该有一条，那就是集中精力在一段时期内干好某一件事情。做事必须高标准、严要求，因为你注定要成为这个国家太阳底下最幸福的人。你被赋予了超人的本领去得到责任，你是父母和子女间、兄弟姐妹间以及亲朋好友间、左邻右舍间愉快的纽带。

你们觉得以上所说的几条有没有道理？你不想追求自己的幸福吗，你不希望自己的父母双亲、亲朋好友以及左邻右舍高高兴兴吗？你不想让自己成为自己的国家和民主政体的一员吗？还有，你的所作所为不是出于对人生信仰的尊重吗？

大多数读过这本书或正在读这本书的青年都或多或少地会受到以上这几条的影响。人都想追求自己的幸福，这毋庸置疑，但绝大部分青年人也有这样的一面，他们对别人的评价很好，也十分遵从他人的教诲。

但正如刚才明确指出的，千千万万的年轻人在寻找幸福道路上终究免不了要犯错误的，如果不遵照规则就不能获得最大的责任。这些规则将引导人们走向光明，如果年轻人不最大限度地严格按照这些规则行事，而是以为可以轻而易举地得到自己想要的一切，即使他们以前受到过老天爷的恩赐，也是十分错误的。

有很多青年以为责任来自于财富，所以财富是他们昼夜学习和做事的目标。他们倒不是以为钱财本身有什么内在的价值，钱财只是一种手段，用来保证得到他们梦寐以求的责任。然而为了责任而追求金钱，久而久之，特别是当他们志得意满时，他们就会忘了自己的初衷，变成为了金钱而追求金钱，拥有家财万贯成了他们做事的首要目的。

所以，这就演变成了一种对世俗的责任和名利的追求，陷得越深，我们原有的个性失掉的就越多，对所追求的东西就越是迷恋，再也不会为了其他目的而振奋。

青年朋友们，如果你的人生目标不仅是追求个人幸福，而要使你的父母、朋友和邻居以及周围的人都得到幸福的话，你会成就很多事情，这一点不会错，你会得到很多。

但是设想如果一个年轻人真的如上所述的那样，在追求个人幸福时也为别人带来幸福，那么，他要首先思考如何才能使自己成为更加高尚的人，怎样使自己人性的尊严得到提升，怎样使自己脱颖而出，超凡脱俗？只有具备了这些条件，一个人才可以谈纯洁高尚的理想，去追求自己的学业、事业、幸福和愉悦。当我们把为人类造福当成自己追求的目标时，我们便达到了人性的最高境界。

因此，做事一定要有目的，理想一定要高远一些。关于青年朋友们通过何种途径来提高自己理想的境界，这本书将以一种简单而充分的方式加以论述。这些途径可以分为三个层次：自然的、精神的和命运的。凡是和人身有关的都归于第一个层次，凡是有关如何提高思想境界的归于第二层次，有关高尚礼节和道德习惯的养成归于第三个层次。或许还有其他的分类方法比这样的分类更有逻辑性，但那些方法很可能更提不起读者的兴趣。那些被称为"严谨改良"的方法本身就需要改良。

权力越大，责任越大

任何人作了决定就得担起责任，必须在决策之后负责到底。这就是说，决定产生责任，有责任就要负责，负责实质上就是了解你将为什么被解雇。

在经营不善的公司里，人们总是推诿责任，不做或推迟作出决定，致使低效率的官僚主义应运而生，从而扼杀决策。在这些公司里，需要决策的问题在公司里得不到解决，最后摆在某个高层人物面前，逼着他对此作出是或否的表示，可就是这些推诿责任的人将背着此君猛烈地指责他（她）作了错误的决策，不肯放权，不能大胆任用下级。

一个优秀的领导则不然，他作出决定，并承担责任，由于要承担责任，他必须竭力使自己百分之百地明确自己的责任，他的决定是慎重的，如果他不清楚是否应由他作出决定，他或是与上司联系，或宁可铤而走险自己做主。优秀的经理懂得，澄清模糊的责任界限的最佳途径，便是作出决断，期待别人有朝一日向他挑战，这就是他分清责任的机会。他也更清楚，一旦他作出一个以上的坏决定，或作了决定不能负责到底，他就可能被解雇，负责是需要勇气的。

责任心本是一个虚拟而无时不在的东西，在全社会大力宣扬"职业精神"的今天，将工作责任心与生存联系在一起并非危言耸听。如果你努力进取，积极向上，就必须担起责任，如果你作出决定并对这些负全责，你就向优秀的目标迈进了一步。

一个人之所以会成功，第一，一定是他的目标明确；第二，一定是非常清楚自己身负使命。每个人在做决策遇到瓶颈的时候，只要回头思考一下他的使命是什么，就可以很快地解决他目前的困扰，然而一般人都没有使命感，都没有仔细研究过使命对人的影响。

成功学大师陈安之曾经在美国参加一项课程的时候，便设定了他终生的使命，当然，它经过了多次的修正及改正。他的使命是以帮助别人更成功，创造更多的财富，作为一个核心想法。到各地演讲的时候，他通常只有两个概念——帮他人更成功，成功的定义是让他达成自己的目标；教他人创造财富的方法，让他人有经济能力自由做他想要做的事情。

据陈先生自己介绍，一般来讲，他的演讲压力是非常小的，因为他的焦点都放在要如何完成他的使命，而不是要获得多少别人的掌声，当你把焦点放在别人的掌声，是使不出劲的。你会担心这里讲得好不好，那里说得正不正确，有没有什么错误，事实上，你只要把重心放在使命上，你会对自己非常有信心，非常地具有影响力。人们会自动被你的热情所感染，因为，你想的跟你做的是一致的。陈先生时常要求公司的伙伴，当他们去分享一些理念的时候，务必自己先要做到，因为如果你自己没有做到，跟别人讲什么都是空谈。别人从你的肢体语言当中，就可以明白你是一个言行不一致的人，这样，对顾客没有帮助，对整个公司没有帮助，对业务代表本身也没有任何的帮助。

你不妨先弄清自己的使命到底是什么？事业上的使命是什么？对自己经济上的使命是什么？对自己的本能、身体上的使命是什么？在人生最重要的领域当中，让你自己有一个使命，你会发现自己的行为开始改变，因为你已经拥有核心思想。

举例说，如果你的经济使命是要积累财富，在这样的使命下，你想花钱的时候，通常你会怎么想？你可能告诉自己："我必须要存钱。"因为你必须要积累财富。

换个例子来说，如果你在人际关系的使命，是要让彼此感觉很棒，你存有这样的理念时，当别人跟你吵架，或是有争执的时候，你会立刻修正，因为你的使命是让别人感觉很棒。以使命为导向的思考模式和行为模式，能让你突破任何的瓶颈，可以帮助你的生活更有价值，因为你清楚地知道：你自己要什么，想做什么，自己扮演的角色是什么，为什么会这样做。

使命是需要你自己去寻找的，曾经有人这样说，上帝说："你人生最大的工作，就是去找一份适当的工作；人生最大的使命，就是去找出自己的使命，活出自己的人生。"当你可以让自己活得更好的时候，就可以撒播你的影响力来造福人群，让更多的人跟你一样活得很好。

勇于负责，机会更多

托尔斯泰曾经说过："一个人若是没有热情，他将一事无成，而热情的基点正是责任感。"

许多年以前，伦敦住着一个小孩，自幼贫病交加，无依无靠，饱尝了人生的艰辛。为了糊口，不得不在一家印刷厂做童工。

环境虽苦，志气却不短。早就与书报结下了不解之缘的他，常常贪婪地伫立在书橱前，不住地摸着衣兜里仅有的买面包用的几个先令。为了买书，他不得不挨饿。一天早晨的上班途中，他在书店的书橱里发现了一本打开的新书，便如饥似渴地读了起来，直到把打开的两页读完才走。翌日晨，他又身不由己地来到了这个书橱前，奇怪，那本书又往后翻开了两页！他又一气读完了。他是多么想把它买下来呀，可是书价太高了。第三天，奇迹又出现了：书页又顺序地翻开了两页，他又站在那儿读了起来。就这样，那本书每天往后翻开两页，他每天来读，直到把全书读完。这天，书店里一位慈祥的老人抚摸着他的头发说："好孩子，从今天起，你可以随时来这个书店，任意翻阅所有的书籍，而不必付钱。"

日月如梭，这个少年后来成了著名的作家和记者——他就是英国一家晚报的主编本佳敏。

本佳敏之所以自学成功，是因为他苦读善学，也是因为他遇到了一位极富有责任感的人。善良的老人倾注给他的是人间最美好的东西：温存怜悯，爱护关怀，鼓舞鞭策。他向身处困境的少年人打开了向往美好生活的心扉，引导他步入知识的世界，为他后来成为对人类有所贡献、为世人所尊敬的作家而承担了自己的责任。

对生活的热爱，对人们、对大自然、对一切美好事物的热爱，会使一个人认识自己身负的使命以及应该去承担的责任，从而努力对社会作出贡献。

没有责任感的军官不是合格的军官，没有责任感的员工不是优秀的员工。责任感是简单而无价的。工作就意味着责任，责任意识会让我们表现得更加卓越。

西点学员章程规定：每个学员无论在什么时候，无论在什么地方，无论穿军装与否，也无论是在担任警卫、值勤等公务还是在进行自己的私人活动，都有义务、有责任履行自己的责任感，而不是为了获得奖赏或别的什么。

这样的要求是非常高的。但西点认为，没有责任感的军官不是合格的军官，没有责任感的员工不是优秀的员工，没有责任感的公民不是好公民。在任何时候，责任感对自己、对国家、对社会都不可或缺。正是这样严格的要求，让每一个从西点毕业的学员获益匪浅。

西点认为，一个人要成为一个好军人，就必须遵守纪律，有自尊心，对于他的部队和国家感到自豪，对于他的同志们和上级有高度的责任义务感，对于自己表现出的能力有自信。我认为，这样的要求，对每一个企业的员工同样适用。

要将责任根植于内心，让它成为我们脑海中一种强烈的意识，在日常行为和工作中，这种责任意识会让我们表现得更加卓越。我们经常可以见到这样的员工，他们在谈到自己的公司时，使用的代名词通常都是"他们"而不是"我们"，"他们业务部怎么怎么样"，"他们财务部怎么怎么样"，这是一种缺乏责任感的典型表现，这样的员工至少没有一种"我们就是整个机构"的认同感。

责任感是不容易获得的，原因就在于它是由许多小事构成的。但是最基本的是做事成熟，无论多小的事，都能够比以往任何人做得都好。比如说，该到上班时间了，可外面阴冷下着雨，而被窝里又那么舒服，你还未清醒的责任感让你在床上多躺了两分钟，你一定会问自己，你尽到职责了吗？还没有……除非你的责任感真的没有发芽，你才会欺骗自己。对自己的慈悲就是对责任的侵害，必须去战胜它。

责任感是简单而无价的。据说美国前总统杜鲁门的桌子上摆着一个牌子，上面写着：Book of stop here（问题到此为止）。他桌子上是否有这样一个牌子，我不能去求证，但我想告诉大家的是，这就是责任。如果在工作中，对待每一件事都是"Book of stop here"，我敢说，这样的公司将让所有人为之震惊，这样的员工将赢得足够的尊敬和荣誉。

有一个替人割草打工的男孩打电话给布朗太太说："您需不需要割草？"布朗太太回答说："不需要了，我已有了割草工。"男孩又说："我会帮您拔掉草丛中的杂草。"布朗太太回答："我的割草工已做了。"男孩又说："我会帮您把草与走道的四周割齐。"布朗太太说："我请的那人也已做了，谢谢你，我不需要新的割草工人。"男孩便挂了电话。此时男孩的室友问他说："你不是就在布朗太太那儿割草打工吗？为什么还要打这个电话？"男孩说："我只是想知道我究竟做得好不好！"

多问自己"我做得如何"，这就是责任。

还有一个美国作家的例子。有一次，一个小伙子向一位作家自荐，想做他的抄写员。小伙子看起来对抄写工作是完全胜任的。条件谈妥之后，他就让那个小伙子坐下来开始工作，但是小伙子却朝外边看了看教堂上的钟，然后心急火燎地对他说："我现在不能待在这里，我要去吃饭。"于是作家说："噢，你必须去吃饭，你必须去！你就一直为了今天你等着去吃的那顿饭祈祷吧，我们两个永远都不可能在一起工作了。"作家说那个小伙子曾对他说过，自己因为得不到雇佣而感到特别沮丧，但是当他有了一点点起色的时候却只想着提前去吃饭，而把自己说过的话和应承担的责任忘得一干二净。

工作就意味着责任。在这个世界上，没有不需承担责任的工作，相反，你的职位越高、权力越大，你肩负的责任就越重。不要害怕承担责任，要立下决心，你一定可以承担任何正常职业生涯中的责任，你一定可以比前人完成得更出色。

世界上最愚蠢的事情就是推卸眼前的责任，认为等到以后准备好了、条件成熟了再去承担才好。在需要你承担重大责任的时候，马上就去承担它，这就是最好的准备。如果不习惯这样去做，即使等到条件成熟了以后，你也不可能承担起重大的责任，你也不可能做好任何重要的事情。

每个人都肩负着责任，对工作、对家庭、对亲人、对朋友，我们都有一定的责任，正因为存在这样或那样的责任，才能对自己的行为有所约束。寻找借口就是将应该承担的责任转嫁给社会或他人。而一旦我们有了寻找借口的习惯，那么我们的责任之心也将随着借口烟消云散。没有什么不可能的事情，只要我们不把借口放在我们的面前，就能够做好一切，就能完全地尽职尽责。

借口让我们忘却责任。事实上，人通常比自己认定的更好。当他改变自己心意的时候，并不需去增进他所拥有的技能。他只需要把已有的技能与天赋运用出来就行。这样，他才能够不断地树立起责任心，把借口抛弃掉。

千万不要自以为是而忘记了自己的责任。对于这种人，巴顿将军的名言是："自以为了不起的人一文不值。遇到这种军官，我会马上调换他的职务。每个人都必须心甘情愿为完成任务而献身。""一个人一旦自以为了不起，就会想着远离前线作战。这种人是地道的胆小鬼。"

巴顿想强调的是，在作战中每个人都应付出，要到最需要你的地方去，做你必须做的事，而不能忘记自己的责任。

千万不要利用自己的功绩或手中的权力来掩饰错误，从而忘却自己应承担的责任。人们习惯于为自己的过失寻找种种借口，以为这样就可以逃脱惩罚。正确的做法是，承认它们，解释它们，并为它们道歉。最重要的是利用它们，要让人们看到你如何承担责任和如何从错误中吸取教训。这不仅仅是一种对待工作的态度，这样的员工也会被每一个主管所欣赏。

责任就是对要做的事情充满爱

人活在世上，不免要承担各种责任，家庭、亲戚、朋友、国家、社会。这样，我们可以看到，你的责任心最基础的体现是对家庭。

"责任就是对自己要去做的事情有一种爱。"因为这种爱，所以责任本身就成了生命意义的一种实现，就能从中获得心灵的满足。相反，一个不爱家庭的人怎么会爱他人和事业？一个在人生中随波逐流的人怎么会坚定地负起生活中的责任？这样的人往往是把责任看作是强加给他的负担，看作是个人纯粹的付出而索求回报。

一个不知对自己人生负有什么责任的人，甚至无法弄清他在世界上的责任是什么。有一位小姐向托尔斯泰请教，为了尽到对人类的责任，她应该做些什么。托尔斯泰听了非常反感。因此想到：人们为之受苦的巨大灾难就在于没有自己的信念，却偏要做出按照某种信念生活的样子。当然，这样的信念只能是空洞的。更常见的情况是，许多人对责任的关系确实是完全被动的，他们之所以把一些做法视为自己的责任，不是出于自觉的选择，而是由于习惯、时尚、舆论等原因。譬如说，有的人把偶然却又长期从事的某一职业当作了自己的责任，从不尝试去拥有真正适合自己本性的事业；有的人看见别人发财和挥霍，便觉得自己也有责任拼命挣钱花钱；有的人十分看重别人尤其是上司对自己的评价，于是谨小慎微地为这种评价而活着。由于他们不曾认真地想过自己的人生究竟是什么，在责任问题上也就是盲目的了。

如果一个人能对自己的家庭负责，那么，在包括婚姻和家庭在内的一切社会关系上，他对自己的行为都会有一种负责的态度。如果一个社会是由这样对自己的人生负责的成员组成的，这个社会就必定是高质量的、有效率的。

有这样一个有趣的现象：每个人对于自己最大的力量，总是不能认识，除非大责任、大事故，或遭遇生命中的大危难，才能把它催唤出来。

历史上有许多伟大人物，除非到了除自己的勇气及耐心以外，一切都已丧失，到大难临头，驱使他们陷入绝境，而不得不谋求死里逃生的时候，决不能发现他们的本来面目。他们之所以成为伟人，就是因为他们是大量的困难之克胜者，大危急情形之超越者，他们在克服与超越中，得到了力量。耕田、砍木、做测量员、做州议员、做律师，甚至做国会议员，都无法激起林肯身上的这种力量。只有把国家危急存亡的重任放在他的肩头，他的这种潜在的力量才得以爆发。在陇亩间、在制革工场中工作、做店员、在镇市中做苦工，这种种境遇，都不足以唤起格兰德将军那酣睡着的"伟人性"，甚至连西点军校、连墨西哥战争都不曾将它唤起，如果没有南北战争，则格兰德这个名字，必将与千千万万个名字一样埋没在历史的长河中。

是的，只有在我们感到前无出路，后有追兵的时候，感觉到一切的外援都已绝望的时候，才能发掘出我们全部的力量。我们一天还能得到外援，就一天不能发现我们自己的力量。有多少人其日后之成功，都是受赐于当初的重大的不幸——父母的死亡，财产的丧失……种种不幸迫使他们不得不用自己的双手去打出一片属于自己的天空。一段时间以后，他已经练出了别人所没有的坚强力量与品格，是"责任"造就了他们。

责任是最足以发挥我们力量的东西。从来没有站在负责任的地位的人，决不能发挥他们全部的力量。在终身处在附属、卑贱的位置，终身劳役于人的人中，很少见有伟大的人物出现的原因就在于此。他们的力量因为从来没有被重大的责任所磨炼，所以终其一世都是弱者。有人以为假若一个人生来就有大本领，则这种本领迟早总会显露出来——这其实是一个错误的观念。本领每个人都有，谁可以显露出来，谁无法显露出来，这全看他所处的环境，全看足以唤起志愿、唤醒力量的环境之有无。

把重大的责任放在一个人的肩上，驱使他进入绝境，则情势的要求完全可以把这个人内在的全部力量激发出来。假如在一个人的生命中，有些做大人物、做领袖的成分，责任可以把它催唤出来。所以，假如有重大的责任搁在你的肩上，你应当高兴地接受它——因为它预示着你的成功。

做一些超出自己范围的事情

也有人说法国的戴高乐是个狂热的民族主义者，这是没错的。幼年的戴高乐在与兄弟们玩战争游戏时，总是坚定不移地由自己来充当法兰西一方。他坚持称"我的法兰西"，决不准任何人对其染指，甚至不惜为此与他的哥哥打得头破血流，直到他的哥哥无奈地承认："好了，我不和你争了，是你的法兰西，是你的。"或许这就是天意，日后果然是戴高乐担当了拯救法兰西民族危亡的大任。这也说不上是天意，因为戴高乐自小就始终以拯救法兰西为己任。

凡有所建树者，必有一种担当大任的责任感。古今中外，莫不如此。礼崩乐坏之时，孔子四处奔走，推行他的"大道"；民族多事之秋，班超毅然投笔从戎，立下不朽功业；五胡乱华之际，祖逖闻鸡起舞，自强不息；国家危亡在即，孙中山先生义无反顾，投身革命；周恩来在少年时就立下"为中华之崛起而读书"的大志，并于赴日留学前夕写下了"大江歌罢掉头东，邃密群科济世穷。面壁十年图破壁，难酬蹈海亦英雄"这一首振聋发聩的不朽诗作；毛泽东在青年时写下了"怅寥廓，问苍茫大地，谁主沉浮"的豪迈词句，用以抒发自己的以天下为己任的鸿鹄之志。

逝者如斯，但这种担当大任的使命感却应让其得以代代相传。勇于担当大任，就是应该清楚地知道什么是自己必须做的，不要人逼迫，不要人指令。二战初始，法国投降，剩下英军孤立无援地同纳粹德国作战。骄傲的德国人以为他们接下来的任务就是准备迎接"和平"的到来。1940 年 7 月 19 日，希特勒在帝国国会作了长篇演说，先是对丘吉尔进行了一番痛快淋漓的臭骂，而后"语重心长"地劝说英国人民停止抵抗，并要求丘吉尔作出答复。而就在他的这番"颇为动人"的劝诚发出不到一个小时，英国广播公司就用一个简单的词作出了答复：NO！

后来丘吉尔回忆说，这个"NO"不是英国政府通知广播公司的，而是广播公司的职员在收到希特勒的演讲后，自行决定播出的。丘吉尔声称他为他的人民感到骄傲。何止是丘吉尔，读到这个故事的每一个人，又有哪个不为这个敢当大任的广播公司职员叫好？

是的，天生我材必有用。上天给了我们每一个人担当大任的本钱与机会，它并不会把"大任"降到哪一个特定的人的身上。至于是关在动物园中供人观赏，还是去大漠远足，那应是个人的选择。

盎司是英美制重量单位，一盎司只相当于 1/16 磅。但是，就是这微不足道的一点区别，会让你的工作大不一样。多加一盎司，工作可能就大不一样。尽职尽责完成自己的工作的人，最多只能算是称职的员工。如果在自己的工作中再"多加一盎司"，你就可能成为优秀的员工。

著名投资专家约翰·坦普尔顿通过大量的观察研究，得出了一条很重要的原理："多一盎司定律"。他指出，取得突出成就的人与取得中等成就的人几乎做了同样多的工作，他们所做出的努力差别很小——只是"多一盎司"。但其结果，所取得的成就及成就的实质内容方面，却经常有天壤之别。

约翰·坦普尔顿把这一定律也运用于他在耶鲁的经历。坦普尔顿决心使自己的作业不是 95% 而是 99% 的正确。结果呢？他在大学三年级就进入了美国大学生联谊会，并被选为耶鲁分会的主席，并得到了罗兹奖学金。

在商业领域，坦普尔顿把多一盎司定律进一步引申。他逐渐认识到只多那么一点儿就会得到更好的结果。那些更加努力的人就会得到更好的成绩，那些在一品脱的基础上多加了 17 盎司而不是 16 盎司的人，得到的份额远大于一盎司应得的份额。

"多一盎司定律"可以运用到所有的领域。实际上，它是使你走向成功的普遍规律。

例如，把它运用到高中足球队，你就会发现，那些多做了一点努力，多练习了一点的小伙子成为了球星，他们在赢得比赛中起到了关键性的作用。他们得到了球迷的支持和教练的青睐。而所有这些只是因为他们比队友多做了那么一点。

在商业界，在艺术界，在体育界，在所有的领域，那些最知名的、最出类拔萃者与其他人的区别在哪里呢？回答是就多那么一点儿。"多加一盎司"——谁能使自己多加一盎司，谁就能得到千倍的回报。

在工作中，有很多时候需要我们"多加一盎司"。多加一盎司，工作可能就大不一样。尽职尽责完成自己的工作的人，最多只能算是称职的员工。如果在自己的工作中再"多加一盎司"，你就可能成为优秀的员工。

"多加一盎司"在所有的工作中都会产生好的效果。如果你多加一盎司，你的士气就会高涨，而你与同伴的合作就会取得非凡成绩。要取得突出成就，你必须比那些取得中等成就的人多努一把力，学会再加一盎司，你会得到意想不到的收获。

"多加一盎司"其实并不难，我们已经付出了99%的努力，已经完成了绝大部分的工作，再多增加"一盎司"又有什么困难呢？但是，我们往往缺少的却是"多一盎司"所需要的那一点点责任、一点点决心、一点点敬业的态度和自动自发的精神。

"多加一盎司"其实是一个简单的秘密。在工作中，有很多东西都是我们需要增加的那"一盎司"。大到对工作、公司的态度，小到你正在完成的工作，甚至是接听一个电话、整理一份报表，只要能"多加一盎司"，把它们做得更完美，你将会有数倍于一盎司的回报。

获得成功的秘密在于不遗余力——加上那一盎司。多一盎司的结果会使你最大限度地发挥你的天赋。约翰·坦普尔顿发现了这个秘密，并把它运用到他的学习、工作和生活中，从而获得了巨大的成功。从现在起，你也掌握了这个秘密，好好运用它吧！

"我已经竭尽全力了吗？或许我还有一盎司可加？"经常这样提问自己，将让你受益匪浅。

只有努力工作才能获得回报

美西战争爆发以后，美国必须立即跟西班牙的反抗军首领加西亚取得联系。一名叫作罗文的人被带到了总统面前，送信的任务就交给了这名年轻人。

一路上，罗文在牙买加遭遇过西班牙士兵的拦截，也在粗心大意的西属海军少尉眼皮底下溜过古巴海域，还在圣地亚哥参加了游击战，最后在巴亚莫河畔的瑞奥布伊把信交给了加西亚将军。而罗文则被奉为英雄。

这就是2000年被美国《哈奇森年鉴》和《出版商周刊》评为"有史以来世界最畅销图书"第六名的《致加西亚的信》。

仔细研究你就会发现，罗文所做的事情一点也不需要高超的技巧，他只是按部就班地前进，也就是我们常说的"一步一个脚印"。这看起来很简单，他只是奉行了上级交给的任务，然后就去做，也就是说，那只是他的一件普通的工作。

也许你会说，我每天也在重复地尽到自己的职责，这不就是踏实吗？确实，每个人都会做却又不屑于做的动作和事情，它们贯穿于每天的工作，甚至你完成了这样的一个动作，自己都不记得。比如，你每天都会把文件送到上级手里，你会记得你是用怎样的动作送过去的吗？这也正像全世界都谈论"变化""创新"等等时髦的概念一样，"踏实"是每个人都能够做到的，可是你真正做到了新含义的"踏实"了吗？

踏实地做事并不等于原地踏步、停滞不前。它需要的是有韧性而不失目标，时刻在前进，哪怕每一次仅仅是延长很短的、不为人所瞩目的距离。

看这样一个实验：给你一张足够大的纸，你所要做的是重复地对折，不停地对折。我的问题就是，当你把这张纸对折了51次的时候，所达到的厚度有多少？一个冰箱那么厚或者两层楼那么厚，这大概是你所能想到的最大值了吧？然而通过计算机的计算，这个厚度竟接近于地球到太阳的距离。

没错，就是这样简简单单的动作，是不是让你感觉好似一个奇迹？为什么看似毫无分别的重复，会有这样惊人的结果呢？换句话说，这种貌似"突然"的成功，根基何在？

就像折纸一样，最后达到的高度与每一次加力是分不开的，任何一次偷懒都会降低你的厚度，所以动作虽然简单却依然要一丝不苟地"踏实"去做。而且后一次所达到的厚度与前一次是分不开的，环环相扣的"踏实"可以达到分散几次望尘莫及的效果。

也就是说，"突然"的成功大多来自这些前进量微小而又不间断的"脚踏实地"。

看过上节的内容，你是否已经理解到真正的踏实的含义了？也许你会说，踏实不就是按部就班，做好自己的本分工作吗？这也许是对的，但我们要讲的踏实，不代表让你放弃思考的权利！先看这么一个真实的故事。

大学时读经济管理专业的赵小姐来公司已经半年了，她的职位是经理助理，实际上更类似于一个打杂的。赵小姐每天面对的是形形色色的报表，而她只需要把这一摞报表复印、装订成册即可。在财务人员忙得不可开交时，她会去凑个手。

如果是你，面对这样凌乱而且不太可能有发展机会的工作，你是不是得过且过，然后寻找一个机会跳槽？我们来看一下赵小姐的做法。

在复印并装订报表的时候，她先仔细地过目各种报表的填写方法，逐步地用经济学的方法分析公司的开销，并结合公司的一些正在实施的项目，揣度公司的经济管理情况。工作到第八个月的时候，赵小姐书面汇报了公司内部一些不合理的经济策略，并提出相应的整改意见。现在的她，已经是公司的高层决策人了。

很显然，处理和分析日常琐碎事务时体现了一个人的能动力。也就是说，在折纸、摆谷粒这样简单的动作中，要自主地发挥本身具有的内涵。你要能够在很基础很凌乱的事情中保持冷静地分析和思考，这样你才会把自己所做的事升华为成功。否则，就算你再踏实，日复一日只是单纯的重复罢了。

现在，你应该更深层次地理解到踏实的含义了吧，记住，不要忘记了思考！

有一首童谣：失了一颗铁钉，丢了一只马蹄铁；丢了一只马蹄铁，折了一匹战马；折了一匹战马，损了一位将军；损了一位将军，输了一场战争；输了一场战争，亡了一个帝国。

一个帝国的灭亡，一开始居然是因为一位能征善战的将军的战马的一只马蹄铁上的一颗小小的铁钉松掉了。

正所谓小洞不补，大洞吃苦。每次的一点点变化，最终会酿成一场灾难。

管理学有一个"蝴蝶效应"。纽约的一场风暴，起始条件是因东京有一只蝴蝶在拍翅膀。翅膀的振动波，正好每次都被外界不断放大，不断放大的振动波越过大洋，结果就引发了纽约的一场风暴。

每次一点点地放大，最终会带来一场"翻天覆地"的变化。

成功就是：每天进步一点点。

成功来源于诸多要素的集合叠加，比如，每天笑容比昨天多一点点；每天走路比昨天精神一点点，每天行动比昨天多一点点，每天效率比昨天高一点点；每天方法比昨天的多找一点点……正如数学中 $50\% \times 50\% \times 50\% = 12.5\%$，而 $60\% \times 60\% \times 60\% = 21.6\%$，每个乘项只增加了 0.1，而结果却几乎成倍增长，每天进步一点点，假以时日，我们的明天与昨天相比将会有天壤之别。

法国有一个童话故事中有一道脑筋急转弯的智力题：荷塘里有一片落叶，他每天会增长一倍，假使 30 天会长满整个荷塘，问第 28 天，荷塘里有多少荷叶？答案要从后往前推，即有四分之一荷塘的荷叶，这时，你站在荷塘的对岸，你会发现荷叶是那么的少，似乎只有那么一点点，但是第 29 天就会占满一半，第 30 天就会长满整个池塘。

正像荷叶长满荷塘的整个过程，荷叶每天变化的速度都是一样的，可是前面花了漫长的 28 天，我们能看到的荷叶都是只有那一个小小的角落。在追求成功的过程中，即使我们每天都在进步，然而，前面那漫长的 28 天因无法让人享受到结果，常常令人难以忍受，人们常常只对第 29 天的希望与第 30 天的结果感兴趣，却因不愿忍受漫长的成功过程而在第 28 天放弃。每天进步一点点，它具有无穷的威力，只是需要我们有足够的耐力，坚持到第 28 天以后。每天进步一点点是简单的，就是要你始终保持强烈的进取心。一个人，如果每天都能进步一点点，哪怕 1% 的进步，试想有什么能阻挡得了他最终到达成功？

只为成就更好的自己 我们努力不为别人，

用表现赢得尊重

只要你年轻聪明，只要你拥有志向，只要你渴望成功，你就应该踏实地工作。于是，问题出来了，在你踏实工作的时候，是否也在踏实地浪费掉属于你的机会？

很多人相信"机会只有一次"或是"只要我做到了，机会自然会来到"，因为他们看不到机会。实在很难想象有任何信念比这一个更让人恐惧了。然而，这个信念在一部分人的集体意识中是如此普遍，以至于足以变成一句陈词滥调。然而当他们这么做时，他们就好像是在告诉自己和全世界："我的创意岁月已经过去了。我的任务已完成了。我的人生已经活完了。"这简直是无稽之谈！

"踏实"不代表木讷的头脑和缺少竞争意识，相反，它对这些提出了更高的要求。在工作中，你需要不断地去发现机会，把握机会。基于此，你需要做到以下五点：

1. 养成掌握和获取大量的信息的习惯；

2. 培养把握机遇的灵感；

3. 进行科学的推理和准确的判断；

4. 当断即断的决断力；

5. 了解其他成功人士的成功经验。

踏实的人不是被动的人。在通往成功的道路上，每一次机会都会轻轻地敲你的门。不要等待机会去为你开门，因为门栓在你自己这一面。机会也不会跑过来说"你好"，它只是告诉你"站起来，向前走"。

要善于发现机会。很多的机会好像蒙尘的珍珠，让人无法一眼看清它华丽珍贵的本质。踏实的人并不是一味等待的人。要学会为机会拭去障眼的灰尘。

踏实不等于单纯的恭顺忍让。没有一种机会可以让你看到未来的成败，人生的妙处也就在于此。不通过拼搏得到的成功就像一开始就知道真正凶手的悬案电影那样索然无味。选择一个机会，不可否认有失败的可能。将机会和自己的能力对比，合适的紧紧抓住，不合适的学会放弃。用明智的态度对待机会，也使用明智的态度对待人生。脱颖而出的"脚踏实地"关键在于找到合适的机会"秀"出你自己！

有这么一个问题："一万个人一字排开，你希望被人认识，怎么办？"

答案有很多，"穿上色彩鲜艳的衣服！""大声地介绍自己！""做出令人注意的动作！"……

其实，有更简单的方法，"向前一步走，勇敢地跨出队列！"

是的，表现自己就是这么简单。我们社会中存在着默默无闻的那一群人。虽然他们中间，许多人也取得了一定的成就，具备了相当的名望和地位，但是其实际所发挥出来的影响力与所应该、所能够发挥出来的影响力往往相去甚远。而对绝大多数的人来说，则生活得平平常常、普普通通，让人放心却不受重视，让人尊敬却不受欢迎。他们本来可以生活得更好，本来可以使自己的事业更加顺利通达，可是总是出现"好人没有好梦"和"好心不得好报"这些怪现象。

为什么呢？答案有多种，但关键原因还是要从自己身上找。可以说，不善于得体地表现自我，是这些人受埋没、遭冷落、遇挫折、被误解的根本原因之所在。

我们经常看到生活中的这类人，谦逊而沉默。他们甘于做平凡人，羞于表达自我，给人的印象似乎很平庸很冷漠，他们的生活也很平常，生活中朋友也似乎不多，在事业上更是鲜有成为风云人物者。可是，如果你有机会去接近他们、了解他们，你会发现，他们中的许多人都有着丰富的内心世界，并且不乏才华和技艺。但是，由于他们不善于表达自我、推销自我，因此往往被这个世界所遗忘，成为命运的弃儿。

这些人为什么总是以一种消极和被动的态度来处理自我被社会认知的问题？这与其根深蒂固的传统道德观念不无关系。毫无疑问，这些人是传统观念的最忠实的维护者，因为这些传统观念往往代表了一种道德标准，这在中国就表现得更为明显。中国传统文化是主张泯灭个人而张扬集体的，展现自我往往要被视为是出风头，而且可能会被别人怀疑为别有用心。这些人总把自己看作是本分人，不愿突破常规，不愿被人视为异类，在这种传统文化的压力和心理惯性的作用下，从众、谦逊、收敛自我，就成了一种自然而然的行为方式。显然，他们只是从道德伦理这个角度而不是从利害得失这个角度来考虑表现自我这一问题的。

有些人不善于表现自己的优势和成绩，这带来了一系列的不良后果。虽然你可能很有才干，但是由于你不善于主动展现这种才干，因此便很难引起他人特别是组织和领导的重视，从而丧失了许多发展的机遇。而且，即使他们默默地做了许多工作，因为不为人知，也得不到相应的社会承认，甚至是给他人做"嫁衣裳"。

工作，要用生命去做

工作不是我们为了谋生才做的事，而是我们要全力以赴用生命去做的事。

把自己喜欢的并且乐在其中的事情当成使命来做，就能发掘出自己特有的能力。即使是辛苦枯燥的工作，也能从中感受到价值。

一个人的工作，是他亲手制成的雕像。是美丽还是丑恶，可爱还是可憎，都是由他一手造成的。而一个人的一举一动，无论是写一封信，出售一件货物，或是打一个电话，都在说明雕像或美或丑，或可爱或可憎。

如果一个人轻视他自己的工作，而且做得很粗陋，那么他决不会尊敬自己。如果一个人认为他的工作辛苦、烦闷，那么他的工作决不会做好，这一工作也无法发挥他内在的特长。

一个人对工作所持的态度，和他本人的性情、做事的才能有着密切的关系。要看一个人能否达成自己的心愿，只要看他工作时的精神和态度就可以了。如果某人做事的时候，感到受了束缚，感到所做的工作劳碌辛苦，没有任何趣味可言，那么他决不会做出伟大的成就。

不论做何事，务须全力以赴，这种精神的有无可以决定一个人日后事业上的成功与失败。一个人工作时，如果能以生生不息的精神、火焰般的热忱，充分发挥自己的特长，那么不论所做的工作怎样，都不会觉得劳苦。

在工作中，常常有许多人认为自己在为主管工作，为公司工作，他们没有给我们期待的回报，以致我们心中不平，想借此怠工，或以其他动作来报复，甚至想要轰主管下台。

但是，我们平心静气地坐下来想一想，如果我全力以赴，业绩辉煌，谁最占便宜？如果我偷懒，表现不佳，谁最吃亏？固然主管也许会因我们表现的好坏而受到不同程度的影响，但真正影响最大的是你自己。是你自己不能成长，是你自己在浪费光阴!

不管你的工作看起来是怎样的卑微,你都应当付之以艺术家的精神,用生命去做。

在任何情形之下,都不允许对自己的工作表示厌恶。厌恶自己的工作,最终也会遭到工作的厌恶。如果你为环境所迫而做一些乏味的工作,你也应当设法从这些乏味的工作中找出乐趣来。

要懂得,凡是应当做而又必须做的事情,总能找出事情的乐趣,这是我们对于工作应抱的态度。有了这种态度,无论做什么工作,都能有很好的成效。

卡耐基曾经说过:"有两种人绝不会成大器,一种是除非别人要他做,否则绝不主动做事的人;另一种人则是即使别人要他做,也做不好事情的人。"那些不需要别人催促,就会主动去做应该做的事,而且不会半途而废的人必将成功,这种人懂得要求自己多付出一点点,而且做得比别人预期的更多。个人进取心,是你实现目标不可少的要素,它会使你进步,使你受到注意而且会给你带来机会。

个人进取心,是你实现目标不可少的要素,它会使你进步,使你受到注意而且会给你带来机会。那些具有非凡成就的人,会不断地表现出一些特质。这些特质我们称之为进取心的特质。你现在要做的一件重要的事是反省一下,你是否具备这些特质,并思考如何增加以及强化这些特质。

1. 制定明确目标。

2. 不断追求明确目标的动机。

3. 成立智囊团以期获得达到目标的力量。

4. 独立。

5. 自律。

6. 以"赢的意志"为基础所建立起来的坚毅精神。

7. 有所节制和引导的丰富想象力。

8. 迅速且明确地决策的习惯。

9. 以事实为根据发表意见而非猜测。

10. 要求自己多付出一点点的习惯。

11. 激发热忱和控制热忱的能力。

12. 要求细节的习惯。

13. 听取批评而不动怒的能力。

14. 熟悉十项基本的行为动机。

15. 一次致力于一项工作的能力。

16. 为自己的行为负更多责任的能力。

17. 为属下的过失承担所有责任的意愿。

18. 对属下和朋友付出耐心。

19. 随时保持积极心态。

20. 运用信心的能力。

21. 贯彻到底的习惯。

22. 强调彻底而非强调速度的习惯。

23. 可信赖性。

无疑的，其中有许多特质是你所熟悉的，你可能会认为"我已经有这些特质了"。但是这些成功原则的本质都是息息相关的，你不可能只发挥其中一项，而不去理会其他项，你如何不经由个人进取心，来运用信心而又能发挥信心呢？而你又如何能在没有订定明确目标的情况下，发挥个人进取心呢？你无法分开它们。

将敬业变成习惯

如果你能在工作中把敬业变成习惯，那么保证你一辈子都受益。

敬业就是敬重你的工作。在你的成长中敬业有两个层次，低一点的层次是拿了雇主的薪水，就要对雇主有个交代。高一点的层次，就是把工作当成自己的事，对自己的生命负责任。不管是哪个层次，敬业所表现出来的都是认真负责，一丝不苟，善始善终。

大部分的年轻人初进社会，做事都是为了雇主而做，认为能混就混，反正老板亏了又不用我赔，甚至还扯老板后腿，事实上这对自己并没有什么好处。

敬业看起来是为了老板，其实是为了自己。敬业的人能从工作中学到比别人更多的经验，而这些经验便是你未来发展的踏板。就算你以后从事不同的行业，你的工作方法和好的工作习惯也必会为你未来助力。

把敬业变成习惯的人，从事任何行业都容易成功。

有的人天生就有敬业精神，任何工作一做就废寝忘食。有些人的敬业精神则需要培养和锻炼。如果你自认为敬业精神不够，那么就应趁年轻的时候强迫自己敬业——以认真负责的态度做任何事，直至它变成你的习惯。

敬业的人容易受人尊重，同事和身边的人也受你的影响而改变。

敬业的人容易受到提拔，老板或主管都喜欢敬业的人，因为这样他们可以减轻工作的压力。你敬业，他们求之不得。

把敬业变成习惯之后，也许不能为你带来立竿见影的效果，但可以肯定的是，不把"敬业"变成习惯的人，他的成就相当有限。因为他的散漫、马虎、不负责任的做事态度已深入他的潜意识，做任何事都会有"随便做一做"的直接反应，结果不问也就可知了。

千万不要总是对目前的工作漫不经心，也不要因为不怎么喜欢目前的工作而混日子，你应该趁此机会，磨炼、培养你的敬业精神，这是你的资产。

把工作当成自己的事，对自己的生命负责任。敬业看起来是为了老板，其实是为了自己。敬业的人能从工作中到比别人更多的经验，而这些经验便是你未来发展的踏板。

很多刚刚踏入社会的年轻人，往往把薪水当成衡量事情是否值得去做的标准。事实上怎样呢？许多刚从学校毕业的年轻人，没有什么工作经验，老板是不会把重要的职务交给他们来担当的。既然这样，他们又凭什么向老板去索取高薪呢？

现在的很多年轻人都把社会看得十分现实。在他们眼中，工作成了这样一条简单的定义：我为公司工作，公司付给我同样价值的报酬，等价交换。他们绝对不会去为公司多做一点点事情。

在他们眼中，薪水就是一切，学生时代的梦想早已消逝。他们以应付的姿态对待工作，能偷懒就偷懒，能逃避就逃避，他们绝对是"到点才来，下班就走"的那种。他们工作最多是为了对得起老板付给他的薪水，而从来没想过工作会跟自己的前途有何联系。

很多人缺乏对薪水的认识和理解，他们总认为老板付给自己的薪水太低，只可惜的是，他们放弃了比薪水更重要的东西。

微软总裁比尔·盖茨说："当你拥有上亿资产的时候，金钱对你来说无疑只是个符号而已。"也许，你现在还远远没有达到那种境界，但如果你是一个准备有所成就的人，就会发现薪水只不过是你所获得的报酬的其中一小部分。

去问那些事业成功的人，如果在没有利益回报的情况下，他们是否还愿意努力去做自己的工作呢？你得到的答案一定是：我会一如既往全力以赴地去工作，因为，我热爱我的工作。

一个人要想获得快速的成长，捷径就是选择一种哪怕没有任何报酬自己也愿意努力去做的工作。当你这样做时，金钱就会自然地追随你而来，所有的公司也将竞相聘请这样的人才，而且他们也愿意为此付出更高的报酬。

薪水不等于工作的报酬。通过工作让自己的潜能得到充分地发挥让自己快速成长，比什么都重要。假如工作仅仅为了生计，你的生命的价值将因此而大打

只为成就更好的自己 我们努力不为别人，

折扣。

你的追求不要只局限于满足生存，而要有更高的目标。千万别对自己说，工作就是为了薪水。你应看到比薪水更重要的东西——快速成长。

薪水不等于工作的报酬。通过工作让自己的潜能得到充分地发挥让自己快速成长，比什么都重要。

如今外企的员工成为人们普遍艳羡的对象。然而他们没有生存的危机吗？让我们看看外企人的切身感受。

在外企，很多人会对自己的生活水准设定这样或那样的目标，但很少有人能肯定地作出三年或五年的发展计划，因为变数太多：

可能上司换了，新上司与你很难相处，且不说升迁，单是保住现在的位子已属不易。

可能世界经济不景气，公司所在行业不景气或公司业务出现危机，你会不会成为裁员的对象呢？

公司来了一批新人，这里面有多少可畏后生，不知不觉中就在某一天顶替了你。

也可能你试图跳槽，但选择错误，脚底踩空，落入底层。

这些变数大多很难被自己掌握。老板突然在某一天安排了一个你全然不了解或不喜欢的人做你的副手，你将被他牵制，或者某一天被他取代，但你不能抗衡老板的这一决定，今天的所有在未来的某一天可能会化为子虚乌有。外企人得意于现在之时，不能不为将来忧心。

而且即使现在收入颇丰，外企人的后顾之忧仍然深重。

外企虽然也有医疗保险及养老保险，但一旦你离开公司，如果你自己无力支付这些保险费，就等于一无所有，生老病死只能自己料理，而且没有住房也令外企人心怀漂泊之感。

外企优胜劣汰的机制也会使此中人对衰老尤为恐惧。这种衰老除了年龄与生理上的，还包括心理上与知识上的。

外面的人看中产阶层们如此风光，但此间人士内心的压力及不安定感却使他们常处于焦虑之中。外企内部的尔虞我诈、勾心斗角……凡此种种莫不源自为保住自己现在的地位。

所以很多在中产阶层中通行的原则对平民阶层来说是无法理解的。例如在外企，所有员工都信奉"老板永远是对的"，但国营单位的员工却敢和总经理拍桌子；中产阶层在置装费上高投入，为养生娱乐舍得花费，实在是他们要好好享受这来之不易的一切，同时，也用这些投入来维持自己继续奋斗的能量。加强个人培训、交际活跃是中产阶层为化解生存危机感而普遍采用的方式。三资企业中这几年的在职读研人数只增不减，参加各种形式的培训更是必不可少的一种职业准备，其目的无不是为提高自身素质以求适应日益变化的环境。

并不是解决了温饱问题人就不再为生存担忧，西方有语云："国王与乞丐的苦乐总量是一样的。"人处在不同层次上，其内心的苦乐是另一层次的人体会不到的。

无论以何种身份立足于社会，只要这些人想向更高阶层流动，他们就必须高度敬业。这种精神正是由时时存在于其内心的危机感促成。

永远比要求的做得好一点

你必须知道别人对你的期望是什么，然后满足他们的期望。然而，只满足他们的期望还不够，你还必须超越他们的期望。

必须知道顾客对你有什么要求，主管对你有什么要求，然后每一次都要做得比要求的还要好。当你每一次都能这样做的时候，你在别人的心中一定会成为第一人选，以后他要做这件事的时候都会找你。每次顾客要买产品的时候，不管是不是你卖的，他都会找你，你会成为市场上的第一品牌，在别人的心中拥有很好的美誉度。

当别人都这样称赞你，都这样需要你的时候，你自然而然能成为行业中的顶尖，也自然而然能赚到很多钱。

顾客付给你 1000 元钱，希望得到 1000 元钱的价值。但你决不能只给他 1000元钱的价值，要比他的要求还要好 10 倍。

老板付给你 2000 元一个月，希望得到 2000 元以上的效益，但你绝不能只做2000 元的事情，你要做 20000 元以上的事情，发挥 10 倍以上的效益。

永远以这样的态度做事的人，要快速成长，就是很容易的事情了。

事实上，你在每一次遵照这个原则做的时候，对你来讲收获是很大的。因为，你在这么做的时候，顾客每次对你都有不错的评价，而且会长期支持你，就会让你扩大顾客的服务人数。

当你做的比别人要求的还要好的时候，不但别人得到了帮助，同时自己也得到了很大的好处，何乐而不为！

每一位顶尖人士都有这样的信念，都在想如何可以付出得更多，做得更好，如何做到最好，还有哪里不够完美，需要改善，是不是超过了别人的要求。

当你可以给别人最好东西的时候，你自己也会得到最好的。

知道别人对你的期望是什么，然后满足他的期望。然而，只满足他的期望还不够，你还必须超越他们的期望。

在第二次世界大战时，凯萨以其造船速度和效率震惊全世界，他的成就之所以引人注目，是因为他在适应战争的需要。而造船之前根本没有造船经验，使他成功的主要原因，就在于他具有个人进取心的特质，发扬他此一特质的媒介就是他贯彻到底的习惯。

当他订购了一火车的钢料，并要求于既定日期在他的船坞交货时，首先确定钢料已完全按照既定的进度进行生产，同时也确定铁路已受到警戒，而且他的员工也都已准备好接受这批钢料。

他派人到工厂探查并且汇报生产进度，最后他还随货出航，以确保不会发生任何差错或迟延的情形。因为凯萨非常注意细节的事情，所以他的员工知道凯萨也希望他们具备此一特质。若在途中发生任何差错，员工被要求采取一切必要手段来控制问题并设法弥补损失的时间。凯萨坚强的个人进取心，成为许多人日常生活中的模范。

成功学大师拿破仑·希尔为我们讲述了下面一则故事：

在结婚之后，希尔第一次去拜访妻子的家人。火车停在离妻子的家乡两里远的地方。由于当时正下着倾盆大雨，所以希尔对那个地方的风光并没有什么印象，他对这种情况感到有些懊恼并问道："你们为什么不叫铁路局开一条直通城镇的路线？"

希尔的大舅子笑着说，他们已经尝试了十年之久，但是铁路局始终不愿意花钱在当地的一条河上建一座桥。

"十年！"希尔惊讶地说，"怎么那么久，我可以在三个月内做好这件事。"

但是，希尔想这次他真的说错话了，因为在他的新家人面前说这种自夸的话，对他们来说无疑是一种挑衅。你想他真的必须要付诸行动了。雨停之后，希尔和他的大舅子便走向河边。在河边他们看到一条十分老旧的木桥，桥上的公路属于郡道，铁轨横过郡道，火车站位于河的一头。每当火车驶过时，郡道上的人车便被拦下来，因而影响附近的交通。

"你看，"希尔说，"很简单，客运列车付1/3的建桥费用，因为旅客们会因为有了新桥而直通城镇；郡政府应付 1/3 的造桥费用，因为反正他们迟早必须把旧桥拆掉建新桥；货运列车也应付 1/3 的造桥费用，因为有了新桥后它们便可不再受到路面交通的影响，并因而避免因为人车排队等候火车通过所可能发生的交通意外事故。"

事情就是那样简单，希尔和他的大舅子在一周之内，就取得三方当事人的同意，而新桥也在三个月之内就建造完成，从此这个城镇便有了客运火车的服务。

对于大多数人来说都是一样的，只有靠个人进取心才能使自己脱困。

如果你能把握住任何发挥个人进取心的机会，尤其当你犯了愚蠢错误的时候，则它必会为你和你周围的人带来利益。

第四章

人生来就是为了行动，就像火光总是向上腾

没有行动就无法接近你真正的人生目标。但对大多数人来说，行动的死敌是犹豫不决，即碰到问题，总是思前想后，不能当机立断，从而失去最佳的机遇。这是经营一生强项必须力戒的一点。

行动是通向成功的唯一的路

有一位名叫西尔维亚的美国女孩，她的父亲是波士顿有名的整形外科医生，母亲在一家声誉很高的大学担任教授。她的家庭对她有很大的帮助和支持，她完全有机会实现自己的理想。从她念中学的时候起，就一直梦寐以求地想当电视节目的主持人。她觉得自己具有这方面的才干，因为每当她和别人相处时，即使是生人也都愿意亲近她并和她长谈。她知道怎样从人家嘴里"掏出心里话"。她的朋友们称她是他们的"亲密的随身精神医生"。她自己常说："只要有人愿给我一次上电视的机会，我相信一定能成功。"

但是，她为达到这个理想而做了些什么呢？其实什么也没有！她在等待奇迹出现，希望一下子就当上电视节目的主持人。

西尔维亚不切实际地期待着，结果什么奇迹也没有出现。谁也不会请一个毫无经验的人去担任电视节目主持人。而且节目的主管也没有兴趣跑到外面去搜寻天才，都是别人去找他们。另一个名叫辛迪的女孩却实现了西尔维亚的理想，成了著名的电视节目主持人。辛迪之所以会成功，就是因为她知道，"天下没有免费的午餐"，一切成功都要靠自己的努力去争取。她不像西尔维亚那样有可靠的经济来源，所以没有白白地等待机会出现。她白天去做工，晚上在大学的舞台艺术系上夜校。毕业之后，她开始谋职，跑遍了洛杉矶每一个广播电台和电视台。但是，每个地方的经理对她的答复都差不多："不是已经有几年经验的人，我们不会雇用的。"

但是，她不愿意退缩，也没有等待机会，而是走出去寻找机会。她一连几个月仔细阅读广播电视方面的杂志，最后终于看到一则招聘广告：北达科他州有一家很小的电视台招聘一名预报天气的主持人。

辛迪是加州人，不喜欢北方。但是，有没有阳光，是不是下雨都没有关系，她希望找到一份和电视有关的职业，干什么都行！她抓住这个工作机会，动身到北达科他州。

辛迪在那里工作了两年，最后在洛杉矶的电视台找到了一个工作。又过了五年，她终于得到提升，成为她梦想已久的节目主持人。

为什么西尔维亚失败了，而辛迪却如愿以偿呢？西尔维亚那种失败者的思路和辛迪的成功者的观点正好背道而驰。分歧点就是：西尔维亚在 10 年当中，一直停留在幻想上，坐等机会；而辛迪则是采取行动，最后，终于实现了理想。

只要幻想不采取行动的人，永远不会成功。而行动是实现理想的唯一途径。

行动是实现目标的手段——没有行动就无法接近你真正的人生目标。但对大多数人来说，行动的死敌是犹豫不决，即碰到问题，总是不能当机立断，思前想后，从而失去最佳的机遇。这是经营一生强项必须力戒的一点。

"快！快！快！为了生命加快步伐！"这句话常常出现在英国亨利八世统治时代的留言条上警示人们，旁边往往还附有一幅图画，上面是没有准时把信送到的信差在绞刑架上挣扎。当时还没有邮政事业，信件都是由政府派出的信差发送的，如果在路上延误要被处以绞刑。

在古老的、生活节奏缓慢的马车时代，用一个月的时间历经路途遥远而危险的跋涉才能走完的路程，我们现在只要几个小时就可以穿越。但即使在那样的年代，不必要的耽搁也是犯罪。文明社会的一大进步是对时间的准确测量和利用。我们现在一个小时可以完成的任务是一百年前的人们二十个小时的工作量。

成功有一对相貌平平的双亲——守时与精确。每个人的成功故事都取决于某个关键时刻，这个时刻一旦犹豫不决或退缩不前，机遇就会失之交臂，再也不会重新出现。马萨诸塞州的州长安德鲁在 1861 年 3 月 3 日给林肯的信中写道："我们接到你们的宣言后，就马上开战，尽我们的所能，全力以赴。我们相信这样做是美国和美国人民的意愿，我们完全废弃了所有的繁文缛节。"1861 年 4 月 15 日那天是星期一，他在上午从华盛顿的军队那边收到电报，而第二个星期天上午九点钟他就作了这样的记录："所有要求从马萨诸塞出动的兵力已经驻扎在华盛顿与门罗要塞附近，或者正在去往保卫首都的路上。"

安德鲁州长说："我的第一个问题是采取什么行动，如果这个问题得到回答，第二个问题就是下一步该干什么。"英国社会改革家乔治·罗斯金说："从根本上说，人生的整个青年阶段，是一个人个性成型、沉思默想和希望受到指引的阶段。青年阶段无时无刻不受到命运的摆布——某个时刻一旦过去，指定的工作就永远无法完成，或者说如果没有趁热打铁，某种任务也许永远都无法完成。"

拿破仑非常重视"黄金时间"，他知道，每场战役都有"关键时刻"，把握住这一时刻意味着战争的胜利，稍有犹豫就会导致灾难性的结局。拿破仑说，之所以能打败奥地利军队是因为奥地利人不懂得五分钟的价值。据说，在滑铁卢企图击败拿破仑的战役中，那个性命攸关的上午，拿破仑和格鲁希因为晚了五分钟而惨遭失败。布吕歇尔按时到达，而格鲁希晚了一点。就因为这一小段时间，拿破仑就送到了圣赫勒拿岛上，从而使成千上万人的命运发生了改变。有一句家喻户晓的俗语几乎可以成为很多人的格言警句，那就是：任何时候都可以做的事情往往永远都不会有时间去做。非洲协会想派旅行家利亚德到非洲去，人们问他什么时候可以出发。他回答说："明天早上。"当有人问约翰·杰维斯（即后来著名的温莎公爵），他的船什么时候可以加入战斗，他回答说："现在。"科林·坎贝尔被任命为驻印军队的总指挥，在被问及什么时候可以派部队出发时，他毫不迟疑地说："明天。"

与其费尽心思地把今天可以完成的任务千方百计地拖到明天，还不如用这些精力把工作做完。而任务拖得越后就越难以完成，做事的态度就越是勉强。在心情愉快或热情高涨时可以完成的工作，被推迟几天或几个星期后，就会变成苦不堪言的负担。在收到信件时没有马上回复，以后再捡起来回信就不那么容易了。许多大公司都有这样的制度：所有信件都必须当天回复。

当机立断常常可以避免做事情的乏味和无趣。拖延则通常意味着逃避，其结果往往就是不了了之。做事情就像春天播种一样，如果没有在适当的季节行动，以后就没有合适的时机了。无论夏天有多长，也无法使春天被耽搁的事情得以完成。某颗星的运转即使仅仅晚了一秒，它也会使整个宇宙陷入混乱，后果不可收拾。

"没有任何时刻像现在这样重要。"爱尔兰女作家玛丽·埃及奇沃斯说，"不仅如此，没有现在这一刻，任何时间都不会存在。没有任何一种力量或能量不是在现在这一刻发挥着作用。如果一个人没有趁着热情高昂的时候采取果断的行动，以后他就再也没有实现这些愿望的可能了。所有的希望都会消磨，都会淹没在日常生活的琐碎忙碌中，或者会在懒散消沉中流逝。"

立即行动，不要让梦想萎缩

大多数的人，在开始时都拥有很远大的梦想，因缺乏立即行动的个性，梦想于是开始萎缩，种种消极与不可能的思想衍生，甚至于就此不敢再存任何梦想，过着随遇而安、乐于知命的平庸生活。这也是为何成功者总是占少数的原因。你是否真心愿意在此刻为自己的理想，认真地下定追求到底的个性，并且马上行动？

有一个幽默大师曾说："每天最大的困难是离开温暖的被窝走到冰冷的房间。"他说得不错。当你躺在床上认为起床是件不愉快的事时，它就真变成一件困难的事了。即使这么简单的起床动作，亦即把棉被掀开，同时把脚伸到地上的自动反应，都可以击退你的恐惧。那些大有作为的人物都不会等到精神好的时候才去做事，而是推动自己的精神去做事的。

"现在"这个词对成功的妙用无穷，而用"明天""下个礼拜""以后""将来某个时候"或"有一天"，往往就是"永远做不到"的同义词。有很多好计划没有实现，只是因为应该说"我现在就去做，马上开始"的时候，却说"我将来有一天会开始去做"。

我们用储蓄的例子来说明好了。人人都认为储蓄是件好事。虽然它很好，却不表示人人都会依据有系统的储蓄计划去做。许多人都想要储蓄，只有少数人才真正做到。这里是一对年轻夫妇的储蓄经过。毕尔先生每个月的收入是10亿美元，但是每个月的开销也要1咖美元，收支刚好相抵。夫妇俩都很想储蓄，但是往往会找些理由使他们无法开始。他们说了好几年："加薪以后马上开始存钱""分期付款还清以后就要……""度过这次困难以后就要……""下个月就要""明年就要开始存钱。"

最后还是他太太珍妮不想再拖。她对毕尔说："你好好想想看，到底要不要存钱?"他说:"当然要啊!但是现在省不下来呀!"

珍妮这一次下决心了。她接着说:"我们想要存钱已经想了好几年,由于一直认为省不下,才一直没有储蓄,从现在开始要认为我们可以储蓄。我今天看到一个广告说,如果每个月存 100 元,15 年以后就有 18000 元,外加 6600 元的利息。广告又说:'先存钱,再花钱'比'先花钱,再存钱'容易得多。如果你真想储蓄,就把薪水的 10% 存起来,不可移作他用。我们说不定要靠饼干和牛奶过到月底,只要我们真的那么做,一定可以办到。"

他们为了存钱,起先几个月当然吃尽了苦头,尽量节省,才留出这笔预算。现在他们觉得"存钱跟花钱一样好玩"。

想不想写信给一个朋友?如果想,现在就去写。有没有想到一个对于生意大有帮助的计划?马上就开始。时时刻刻记着班哲明·富兰克林的话:"今天可以做完的事不要拖到明天。"这也就是我们中国俗话所说的:"今日事,今日毕。"

如果你时时想到"现在",就会完成许多事情;如果常想"将来有一天"或"将来什么时候",那就一事无成。

梦想是成功的起跑线,决心则是起跑时的枪声。行动犹如跑步者全力的奔驰,唯有坚持到最后一秒的,方能获得成功的锦标。

把全部的精力集中在一件事上

许多成功的经验告诉我们这样的强者法则：明智的人最懂得把全部的精力集中在一件事上，唯有如此方能在一处挖出井水来；明智的人也善于依靠不屈不挠的意志、百折不回的决心以及持之以恒的忍耐力，努力在各种的生存竞争中去获得胜利。

在这个世界上，很多人每天都在干与他们兴趣不合的工作，他们往往自叹命运不济，他们希望机会来了，再去做称心如意的工作。可实际上光阴似箭，时间过去就不再重来，如果不马上回头，今天得过且过，明天又再等一会儿，当所有最宝贵的青春岁月都稀里糊涂浪费掉后，再想重新学习一些新的技能时，往往为时已晚。这种一再拖延、得过且过的惰性，其实与慢性自杀无异。青年人通常不太去留意促成事业获得成功的因素，他们常常把做事情和干事业看得过分简单，不肯集中自己全副心思去做。他们不知道，在一项事业上的经验好比是一个雪球，随着人生轨迹的推移，这个雪球永远是越滚越大的。所以，任何人都应该把全副精力集中在某一项事业上，在这一方面随时随地作努力。这样，你在上面所花费的功夫越大，获得经验也就越多，做起事来也就越顺手、越容易。

人人都须懂得时间的宝贵，"光阴一去不复返"。当你踏入社会开始工作的时候，一定是浑身充满干劲的。你应该把这干劲全部用在事业上，无论你做什么职业，你都要努力工作、刻苦经营。如果能一直坚持这样做，那么有一天当你发现这种习惯所给你带来的丰硕成果时，你一定会感到惊讶。歌德这样说："你最适合站在哪里，你就应该站在哪里。"这句话可以作为对那些三心二意者的最好忠告。

无论是谁，如果不趁年富力强的黄金时代去养成自己善于集中精力的好性格，那么他以后一定不会有什么大成就。世界上最大的浪费，就是把一个人宝贵的精力无谓地分散到许多不同的事情上。一个人的时间有限、能力有限、资源有限，想要样样都精、门门都通，绝不可能办到，如果你想到任何一个方面做出什么成就，就一定要牢记这条法则。对大部分人来说，如果一入社会就善于利用自己的精力，不让它消耗在一些毫无意义的事情上，那么就有成功之希望。但是，很多人却偏偏喜欢东学一点、西学一下，尽管忙碌了一生却往往没有什么专长，结果，到头来什么事情也没做成。

在这方面，蚂蚁是我们最好的榜样。它们围着一大颗食物、齐心协力地推着、拖着它前进，一路上不知道要遇到多少困难，要翻多少跟斗，千辛万苦才把一颗食物弄到家门口，蚂蚁给我们最好的教益是：只要不断努力、持之以恒，就必定能得到好的结果。

那些富有经验的园丁往往习惯把树木上许多能开花结实的枝条剪去，一般人往往觉得很可惜。但是，园丁们知道，为了使树木能更快地茁壮成长，为了让以后的果实结得更饱满，就必须要忍痛将这些旁枝剪去。否则，若要保留这些枝条，那么将来的总收成肯定要缩少无数倍。

那些有经验的花匠也习惯把许多快要绽开的花蕾剪去。这是为什么呢？这些花蕾不是同样可以开出美丽的花朵吗？花匠们知道，剪去其中的大部分花蕾后，可以使所有的养分都集中在其余的少数花蕾上。等到这少数花蕾绽开时，一定可以成为那种罕见、珍贵、硕大无比的奇葩。

做人就像培植花木一样，青年男女们与其把所有的精力消耗在许多毫无意义的事情上，还不如看准一项适合自己的重要事业，集中所有精力，埋头苦干，全力以赴，肯定可以取得杰出的成绩。

如果你想成为一个众人叹服的领袖，成为一个才识过人、无人可及的人物，就一定要排除大脑中许多杂乱无绪的念头；如果你想在一个重要的方面取得伟大的成就，那么就要大胆地举起剪刀，把所有微不足道的、平凡无奇的、毫无把握的愿望完全"剪去"，在一件重要的事情面前，即便是那些已有眉目的事情，也必须忍痛"剪掉"。

世界上无数的失败者之所以没有成功，主要不是因为他们才干不够，而是因为他们不能集中精力、不能全力以赴地去做适当的工作，他们使自己的大好精力东浪费一点、西消耗一些，而他们自己竟然还从未觉悟到这一问题：如果把心中的那些杂念——剪掉，使生命力中的所有养料都集中到一个方面，那么他们将来一定会惊讶——自己的事业上竟然能够结出那么美丽丰硕的果实！

拥有一种专门的技能要比有十种心思来得有价值，有专门技能的人随时随地都在这方面下苦功求进步，时时刻刻都在设法弥补自己的缺陷和弱点，总是要想到把事情做得尽善尽美。而有十种心思的人就和他不一样，他可能会忙不过来，要顾及这一点又要顾及那一个，由于精力和心思分散，事事只能做到"尚可"为止，结果当然是一事无成。

现代社会的竞争日趋激烈，所以，我们必须专心一致，对自己的工作全力以赴，这样才能做到得心应手，有出色的业绩。

一个人要想实现自己的强项，离不开艰辛的脑力劳动和体力劳动。你可知道石匠是怎么敲开一块大石头的吗？而他所拥有的工具只不过是一个小铁锤和一支小凿子，可是这块大石头却硬得很。当他举起锤子重重地敲下第一击时，没有敲下一块碎片，甚至连一丝凿痕都没有，可是他并不以为意，继续举起锤子一下再一下地敲，100下、200下、300下，大石头上依然没出现任何裂痕。

可是石匠还是没懈怠，继续举起锤子重重地敲下去，路过的人看他如此卖力而不见成效却还继续硬干，不免窃窃私语，甚至有些人还笑他傻。可是石匠并未理会，他知道虽然所做的还没看到立即的成效，不过那并非表示没有进展。他又挑了大石头的另一个地方敲，一锤又一锤，也不知道是敲到第500下还是第700下，或者是第1004下，终于看到了成效，那不是只敲下一块碎片，而是整块大石头裂成了两半。难道说是他最后那一击，使得这块石头裂开的吗？当然不是，而是他一而再、再而三连续敲击的结果。这个引喻给我们很大的启示，保持持续不断的努力就有如那把小铁锤，它能敲碎一切横在人生路途上的巨大石块。

目标可以吸引我们的注意，引导我们努力的方向，至于最终是成功还是失败，就全看我们是否能始终走在正确的方向上。

有一次，一个青年苦恼地对昆虫学家法布尔说："我不知疲劳地把自己的全部精力都花在我爱好的事业上，结果却收效甚微。"法布尔赞许说："看来你是一位献身科学的有志青年。"这位青年说："是啊！我爱科学，可我也爱文学，对音乐和美术我也感兴趣。我把时间全都用上了。"法布尔从口袋里掏出一块放大镜说："把你的精力集中到一个焦点上试试，就像这块凸透镜一样！"

法布尔本人正是这样做的。他为了观察昆虫的习性，常达到废寝忘食的地步。有一天，他大清早就俯在一块石头旁：几个村妇早晨去摘葡萄时看见法布尔，到黄昏收工时，她们仍然看到他伏在那儿，她们实在不明白："他花一天工人，怎么就只看着一块石头，简直中了邪！"其实，为了观察昆虫的习性，法布尔不知花去了多少个日日夜夜。

美国钢铁大王安德鲁·卡内基在一次对美国柯里商业学院毕业生的讲话中指出："获得成功的首要条件和最大秘密，是把精力完全集中于所干的事。一旦开始干哪一行，就要决心干出名堂，要出类拔萃，要点点滴滴地改进，要采用最好的机器，要尽力通晓这一行。失败的企业是那些分散了精力的企业。它们向这件事投资，又向那件事投资；在这里投资，又在那里投资；方方面面都有投资。'别把所有的鸡蛋放入一个篮子'之说是大错特错。我告诉你们，要把所有的鸡蛋放入一个篮子，然后照管好这个篮子。注视周围并留点神，能这样做的人往往不会失败。照管好那个篮子很容易，但在我们这个国家，想多提篮子因而打碎鸡蛋的人也多。有三个篮子的人就得把一个篮子顶在头上，这样很容易摔倒。"

经营自己的强项是这样一种能力，即你将思维与行动集中在某一特定目标上的能力。

专心地把时间运用于一个方向上

你要想让自己成为强者，必须这样来要求自己做事的习惯：专心地把时间运用于一个方向上，这样你就能集中精力，解决迫在眉睫的难题。有人把"专心"界定为这样，就是把意识集中在某个特定的欲望上的行为，并要一直集中到已经找出实现这一欲望的方法，成功地将之付诸实际行动上去。

能够将你身体与心智的能量锲而不舍地运用在同一个问题上而不会厌倦，这种能力有助你成功。你整天都在做事，不是吗？每个人都是。假如你早上 7 点钟起床，晚上 11 点睡觉，你做事就整整做了 16 个小时。对大多数人而言，他们肯定是一直在做一些事，唯一的问题是，他们做很多很多事，而我只做一件。假如你将这些时间运用在一个方向、一个目的上，你就会成功。集中注意力能够调整思想。

汽车大王亨利·福特说："我有的是时间，因为我从来不离开工作岗位；我不认为人可以离开工作，他应该要朝思暮想，连做梦也是工作。"

大家都知道，运动能使肌肉发达，工作时全神贯注是否也能促发脑部相关部分的功能呢？美国俄勒冈大学心理学教授迈克尔·波斯纳利用正电子放射层析 X 扫描器和脑电描记录器记录全神贯注工作时的人脑活动。受试者初次做某种工作时，脑部的血流量和电子流动都会增加，后来对这种工作熟练了，脑部的血液流量和电子放射量就减少。波斯纳认为，我们越常练习聚精会神，脑部的活动就越没有必要增加。在某一领域练就的心理技能，可以转用于别的领域。

在西点军校教导未来战地指挥官如何保持专注的路易·乔卡说："关键在于学习克服内在或外在的'噪声'和干扰。"比方说，假如你爱好爵士乐，不妨播放些音乐，然后设法只听中音萨克斯管，不听别的，借此练习集中精神的能力。

加州口腔医生艾尔·司徒伦保每天都在同一时间起床，开车走同一路线上班，把车停在同一个停车位。他穿外科手术服时总是先穿上衣，再穿裤子；总是先洗右手，再洗左手；检视病人时总是站在同一个位置。这并不是什么迷信。他按照习惯行事，能够有条不紊地专注状态。芝加哥大学人类学教授哈利·齐克仁米哈勒认为："这就好像比赛前的运动员或主持典礼的牧师，习惯性的行为能使人较易全神贯注于眼前的挑战。习惯性的活动使人把精神重新集中起来。"

你可以为任何工作制订一套行事程序。假如你不太喜欢手头的工作，不妨为自己建立一个工作顺序：先给自己泡杯茶，然后清理书桌，把笔放在左边，计算机、电话在右边，最后开始做自己的工作。天天如此，要不了多久，你就能在做完这些程序后自然而然地进入全神贯注的状态，并且全力以赴地工作了。

心理学家威廉·詹姆斯在 100 年前宣称，人类只使用了自己极小部分的潜力。我们的工作大多数都是例行的，或者千篇一律的。于是，我们的脑子常常几乎是闲着的。由于我们"无法全心投入"，结果就可能发生因疏忽而引起的错误，或者觉得工作没劲，甚至苦不堪言。齐克仁米哈勒说，我们的技能如果只够应付眼前的挑战，则专注的程度最高。要想轻松地完成一件简单乏味的工作，唯一的办法就是增加这个工作的难度。不妨把沉闷的工作转变成具有挑战性的比赛，跟别人比，跟从前的自己比，以便充分发挥自己的潜力，制订规则和目标，给自己一个时限。这样增加挑战性也许能够迫使你进入理想的全神贯注状态。因为要超越别人、超越自己，你必须全力以赴。

在做一件事时，你甚至可以在做每一个步骤时都能把它说出来，这样不仅有助于全神贯注，而且能够提醒自己遗忘了哪些步骤。自言自语也有"摒除噪声"的作用，使你不易分心。一位年轻滑雪选手对观众的叫嚷声和纷飞的雪花感到心烦。教练适时地提醒："看着前面。"这位选手于是像念咒似的反复说着"看着前面，看着前面，看着前面"，他终于把精神集中起来了，并取得了不错的成绩。

国外有一种赤脚走过火炭的游戏，这种游戏的关键也是自言自语的心理暗示。宾夕法尼亚州大西洋教育研究所的罗恩·裴卡拉曾对几十位参加过这种游戏的人作过调查研究，结果发现，火床的温度高达摄氏 650 度以上，那些分心的最后多半脚底起了水泡，而专心地反复自言自语"冰凉沼泽，冰凉沼泽"的人则丝毫未伤。裴卡拉认为，专心地重复说同一句话使他们的注意力完全集中，其余的人注意力分散，结果烧伤了。

老是惦着后果会使我们心神涣散。你让自己的思想飘向未来，就无法专心致志于眼前，因为你的注意力已随之而去了，你的眼睛中看到的是不可预知的未来。

不管你做的是什么，把注意力集中于未来而忽略现在，会使你表现大为失色。一流的网球运动员心里只会想着如何打出一个漂亮的球，不会想着赢得比赛。连连击出好球，自然就能赢得比赛的胜利。想要保持专心致志，必须把所有注意力集中于此时此地，集中于自己的手上。

切忌犯"想法太多"的错误

为什么很多人有一大堆想法，最后竟然连一个想法也没有实现？这就是犯了"想法太多"的错误。你想，一个人想什么都干，他有几只手呢？所以善于经营自己强项的人，总习惯于把许多想法变成一个切实可行的想法。

想法太多，是造成一个人事业大起大落的缺点。这种人想做的事太多，结果反而一事无成。这种缺点经常在喜欢冒险的人身上发现，这些冒险者发达起来时，简直就像希腊点石成金的米达斯，无论做什么生意都赚钱。他们自己和别人都相信他们会一直飞黄腾达下去。问题出在当他们垮下去的时候。

这些人的基本问题是，目标太分散以致无法集中目标。想法太多，或者要想实现的目标太多，跟没有想法没有目标其实是一样的有害。褐色皮肤、英俊潇洒的泰生从小就是游泳健将，经常参加比赛。"从很小开始，别人就从两方面来看我们。"他说："一方面看我们是谁，一方面看我们有何表现。我总是因为比赛成绩而获得夸奖。"于是泰生不断追求成就。他的事业从一幢建筑物开始，然后变成两幢，最后名气愈来愈响亮，业务不断扩充发展。最后，泰生的事业扩张到自己都弄不清楚究竟涉足了多少生意。

"我兼营营造业、掮客业务、管理事业、旅馆经营、公寓改建等，每一种行业我都想插手。我非常兴奋，不知道什么是自己做不到的，所以想试探自己能力的限度。我常在早上起床看见自己的名字登在报纸上，感觉很舒服。然后再看一遍，感觉更舒服。凡事问题愈大愈多就愈好。"

有一天，银行打电话通知他的公司已过膨胀，缓付款也已到期，要求偿还贷款。小神童泰生就这样垮了。刚开始泰生责怪每一个人，把错误归咎于银行、社会经济情势或公司员工身上。最后，他只简单地认为：我知道自己太自私了，我走得太快、太远，不知道自己的能力有一定的限度。面对新机会时我不说："这

只为成就更好的自己

我们努力不为别人，

类生意我不做。"反而说："为什么不做？我什么生意都做。"我就是太好大喜功了。由于每一件事都想做，结果无法把精神集中在任何一件事情上面。哪一个问题最迫切需要解决，就成为他的当务之急。"我错把时间上最紧急的事当作最重要的事"。

泰生没有分辨清楚事情的轻重缓急。解决之道是重定目标，选择擅长的行业，然后重新集中精神去做。

泰生最擅长的是房地产开发。经过几年的拮据与苦撑，由于他专心地经营，终于逐渐有了起色。现在他再度成为纽约的百万富翁，只不过对自己能力的限度了解得更清楚了。

他自己认为，如果现在我有这样的想法："经营健身俱乐部的生意好像挺不错？"我会马上阻止自己说："谁要去做这种生意？我有我的赚钱行业，根本不需要做这种生意。让别人去做好了。"

成功始于周详的计划

什么是成功？到什么时候方觉自己功成名就了呢？字典里给成功下的定义是："……某种行为取得了预期的结果……指对财产、尊重以及声望的获取。"不过，拥有多少财富才算功成？得到多少尊重才算业就？掌握多大权力、树立多高威信方觉拥有声望呢？

你也许对事业的成功有自己的衡量方式。它也许是个人纯收入，也许是年销售，或者是你拥有的客户的数量和种类的多寡。衡量尺度可以是任何能使你产生成就感的东西。

你必须仔细考虑成功的问题，并明确它对你意味着什么。这是正确对待成功的关键。许多人经过奋斗获取了成功，但却无法超越成功，这往往是因为他们对自身并没有明确的目标。当成功到来时，大多数人常会作出三种反应：大手大脚地开销，沉溺于娱乐，过度工作。

一些人在成功后往往大手花钱，甚至不惜改变基本开支惯例，从而导致收支出现不平衡。另一些人在成功之后不但未能使成功继续发展，反而心安理得地躺在成功的桂冠上睡大觉。过去总是有规律地按时上班，而成功之后一星期就会有好几个早晨迟到，为的是能玩上一场高尔夫球。他们还毫无计划地把自己的职责委托给别人。还有一些人在取得成功之后不再按时上下班，每晚总是延长工作时间，周末也工作。这样不久以后，他就会觉得自己成了一个工作的机器，生活也失去了乐趣。

当在一些人的身上出现上述三种情况并做得太过分的时候，就会因此而伤害了自身甚至是自己的事业。一些成功人士之所以陷入这个陷阱，是因为他们没有计划到"成功"。如何对成功做出计划，或许下面的这个有关面包的故事会对你有所启发。

过去在菲律宾，"面包师"和"面包房"会让人联想起没受过教育的人在杂乱的厨房里苦干。但自从 1989 年，管理学教授兼食品企业家 JohnluKoa 开了法国面包店后，那两个词的含义就变了。他的制作间环境整洁，设备先进。

Koa 是有条不紊地进入食品行业的。1984 年在欧洲旅行时，人们排队争相购买新出炉的面包的情景给他留下了深刻印象。回国后他首先研究当地市场，了解需求。调查表明，法式面包和新月形面包有市场。

1989 年 9 月，Koa 在马尼拉市大型百货商场 SM 城开了第一家法式面包店。即刻生意火爆，为买面包人们排起了长队。如今，法式面包连锁店已有五家分店，分布在马尼拉市的各个有利地段，共有员工 400 人左右。

对 Koa 来说，成功意味着拥有一百万以上的顾客和最先进的面包房，顾客可以看到面包的烤制过程，这在菲律宾还是第一家。"成功对我意味着我有能力提高当地的面包烤制水准。"尽管对其面包的需求不断扩大，有兴趣购买特许权的人也在增多，Koa 还是打算控制分店数量，起码目前是这样，以"确保面包店的质量声誉"。

虽然生意增长得比预期快，Koa 却很清楚自己的目标。"我还有很多事要做。目前，对我不存在摊子过大的问题，也不是功成名就。我们会遵从市场的导向，也许我们做事与常规不一致，但我们在留心观察。"

Koa 不仅做生意有条有理，对待自己非凡的成功也条理分明。他倡导什么就实践什么。他以教授的姿态娓娓道出自己对待成功的"条理"：

"要认识到随着生意的扩大，你不能事必躬亲。"他警告说："你务必认识到而且正视自己的所长是有限的。集中精力做自己擅长的事。事情要委派他人去做，但高尔夫球要亲自去打。"Koa 集中思考市场创新和战略，一批能干的专职经理为他经营各分店，直接向他汇报。务必身先士卒。"不论是早早到会，还是在细节上小心谨慎，在各方面你都要树立榜样。"务必与雇员沟通。"告诉他们公司目标，市场占有率，竞争对手是谁，对手在干什么。"务必注意经营管理、财务管理和市场管理，尤其是后者。"对于刚刚起步的企业来说，成功只能是市场营销的成功，否则利润便无从谈起。"

所以，无论你决定做什么，都要有意识地去做，像上文所说的 Koa 那样。别让自己在缺乏理智的计划的情况下随波逐流，这样你才不用担心在你获取成功后，它又悄悄地从你身边溜走。

不断地制订后续计划

在美国纽约，有一位年轻的警察叫亚瑟尔，在一次追捕行动中，他被歹徒用冲锋枪射中左眼和右腿膝盖。3个月后，当他从医院里出来时，完全变了个样：一个曾经高大魁梧、双目炯炯有神的英俊小伙现已成了一个又跛又瞎的残疾人。

纽约市政府和其他各种组织授予了他许许多多勋章和锦旗。纽约有线电台记者曾问他："您以后将如何面对您现在遭受到的厄运呢？"

他说："我只知道歹徒现在还没有被抓获，我要亲手抓住他！"

他那只完好的眼睛里透射出一种令人战栗的愤怒之光。

这以后，亚瑟尔不顾任何人的劝阻，参与了抓捕那个歹徒的行动。他几乎跑遍了整个美国，甚至有一次为了一个微不足道的线索独自一人乘飞机去了欧洲。

9年后，那个歹徒终于在亚洲某个小国被抓获了。当然，亚瑟尔起了非常关键的作用。在庆功会上，他再次成了英雄，许多媒体称赞他是全美最坚强、最勇敢的人。

不久，亚瑟尔却在卧室里割脉自杀了。在他的遗书中，人们读到了他自杀的原因："这些年来，让我活下去的信念就是抓住凶手……现在，伤害我的凶手被判刑了，我的仇恨被化解了，生存的信念也随之消失了。面对自己的伤残，我从来没有这样绝望过……"

失去一只眼睛，或者一条健全的腿，并不要紧，但是，如果你失去了后续的计划，就失去了一切。许多人之所以活得那么有劲，就在于他有个值得活下去的计划，当那个计划实现后却没有后续的计划，这会使人觉得内心十分空虚，人生变得没有意义。

最典型的例子可见之于阿波罗登月计划的那些太空人，在受训期间他们都非常认真且有劲地学习，因为在他们面前是一个人类历史上前所未有的壮举：登上这块满是神话的处女地。当他们终于登上了月球，极度兴奋之后却是如狂涛般卷来的严重失落感，因为接下去将很难再找到像登上月球这么值得让他们挑战的计划。或许"外太空"的探险之外我们也可以来探险"内太空"，好好研究迄今尚未有多少人接触与认识的"人类心灵"。

当一个人实现了所期望的计划后，若要继续维持先前的热情和冲劲，那就得立即再制订出一个足以让他动心的计划，如此将可以使他先前实现计划的兴奋心情，不落痕迹地投注到另一个新计划上，让他能够继续成长下去。若无成长的动机，人生就会停滞，人的老化不始于肉体，而是始于精神。

行动要在目标明确的基础上

美国前总统罗斯福的夫人在年轻时从本宁顿学院毕业后，想在电讯业找一份工作，她的父亲就介绍她去拜访当时美国无线电公司的董事长萨尔洛夫将军。

萨尔洛夫将军非常热情地接待了她，随后问道："你想在这里干哪份工作呢？"

"随便，"她答道。

"我们这里没有叫'随便'的工作，"将军非常严肃地说道，"成功的道路是由目标铺成的！"

没有奋斗的方向，就活得混混沌沌；只有准确地把握好自己的喜好和追求，才是走向成功的第一步！每个人都被赋予了一次生命，虽然长短各有不同。遗憾的是，很多人回首人生的旅程，带着悔恨、失望，他们会忽然惊觉自己的旅程没有目的地。大多数人幻想他们的生命是永恒不朽的。他们浪费金钱、时间以及心力，从事所谓的"消除紧张情绪"的活动，而不是从事"达成目标"的活动。他们每周辛勤工作，赚够了钱，在周末又把它们全部花掉。

这就是太多的勤奋人的作为。他们外表看起来很让人敬佩，因为他们兢兢业业，但等他们老了，却感到自己的一生过得并不精彩。

相比之下，一些外表并没有他们勤奋的人却取得了比他们更大的成就，过上比他们更好的生活。这让勤奋的人百思不得其解，既感到失落，又不明所以。勤奋的人不明白，自己付出的努力绝不比疏懒的人少（因为自己几乎没有放过任何能够工作的时间，那些疏懒的人的工作时间也不可能比他们长），那么别人是怎样实现那样大的目标，过上那样好的生活的呢？

其中的一个秘诀就是，所有成功的人士都有一个突出的个性：做事都有明确的目标。

目标是对于所期望成就的事业的真正决心。太多的人无法达成他们的理想的原因只是他们从来没有真正定下生活的目标。

没有目标，任何事情都不可能发生，一个人也不可能采取任何步骤。如果一个人没有目标，就只能在人生的旅途上徘徊，永远到不了任何地方。

有这样一个寓言：一位发明家制作了一个最新模型。他制作的模型有无数的齿轮、滑轮和电灯。一按，齿轮就动起来，而且灯会亮。有人问："这个机器是干什么的？"发明家回答说："它什么也不干；但是，它的运转不是挺优美的吗？"

成功人士总是事前决断，而不是事后补救的。他们提前谋划，而不是等别人的指示。他们不允许其他人操纵他们的工作进程。不事前谋划的人是不会有进展的。就像《圣经》中著名的诺亚，他并没有等到下雨了才制造他的方舟。

目标能使我们事前谋划，迫使我们把要完成的任务分解成可行的步骤。要想制作一幅通向成功的交通图，你就要先有目标。正如 18 世纪发明家兼政治家富兰克林在自传中说的："我总认为一个能力很一般的人，如果有个好计划，是会有所作为的。"

没有目标就不可能有成功。一些完美的计划实际上是相当简单的。每一个大公司都是从小公司发展起来的，在公司的背后一般都有一个有理想、有热情的个人。是这个人心中怀有的坚定的目标把公司带向了成功的彼岸。

优秀的企业或组织一般都有 10 年至 15 年的长期目标。经理人员时常会反问自己："我们希望公司在 10 年后是什么样子？"然后根据这个设想来规划企业应该做什么。工作并不是为了适应今天的需求，可能是要满足 5 年、10 年以后的需求。各研究部门也是在针对 10 年或 10 年以后的产品进行研究。

生活也是一样，我们也应该计划 10 年以后的事。

目标一旦定下，它就成为你努力的依据，也是对你的鞭策。可以说，目标给了你一个看得见的靶子。随着你实现这些目标，你的心中会越来越有成就感。制定和实现目标有点像一场比赛，随着时间推移，你实现了一个又一个目标，这时你的思想方式和工作方式又会渐渐改进。

制定目标有一点很重要，那就是目标必须是具体的，可以实现的。如果计划

只为成就更好的自己，我们努力不为别人，

不具体，无论它是否实现了，都会使你的积极性有所降低。这是因为向目标迈进是动力的源泉，如果你无法知道自己向目标前进了多少，你就会泄气，甚至放弃。

目标具体，也就是说，你必须确定你想要的财富的数字，不能空泛地想我这一生要赚多少钱。

许多工作勤奋的人甚至是具有成功潜质的人，都没有一个具体的目标。想一想你的目标是什么？是每月挣两千块钱、五千块钱还是几万块钱？不要空泛地说"我需要很多很多钱"，那样没有用，你必须确定你追求的成功的具体评价标准。你对目标制定得越周到，对它的检视越仔细认真，成功的希望越大。由此可见，设定一个具体可行的目标是必要的。试着每星期花一个小时，检视自己的目标，评估自己的表现，并为下一步行动做计划书。

你花在检视自我人生目标上的时间越多，你的目标就越能够与你的人生结合。但是千万不要以纸上谈兵代替实际行动。要知道，没有行动，再好的目标也是一纸空文。

当然，任何远大的目标都是不可能一蹴而就的。为了实现远大的目标，你还得建立相应的中期目标与近期目标，由近期目标逐步向中期目标推进，再由中期目标实现远大的目标。这样才能切切实实地看到财富的积累，从而增加成功创造财富的希望，才能最终达到创造财富的目的。

大目标都由小目标组成。每个大目标的实现都是几个小目标小步骤实现的结果，所以，如果你集中精力处理当前手上的工作，心中时刻记住你现在的努力都是为实现将来的目标铺路，那你就能成功。

目标还有个好处就是有助于你评估工作的进展。不成功者有个共同的问题就是他们极少评估自己取得的进展。他们大多数人或者不明白自我评估的重要性，或者无法衡量取得的进步。

而目标提供了一种自我评估的重要手段。如果你的目标是具体的，看得见摸得着的，你就可以根据自己距离最终目标有多远来衡量目前取得的进步。

下面是六个具体实现目标的"黄金"步骤：

1. 简单地说："我需要很多、很多的钱"是没有用的。你要在心里，确定你希望拥有的财富具体数字。

2. 确确实实地决定：你将会付出什么努力与多少代价去换你所需要的成就。

3. 没有时间表，你的船永远不会到达彼岸。所以要规定一个固定的日期，一定要在这日期之前把你想要的钱赚到手。

4. 拟定一个实现你的理想的可行性计划，并马上进行。耽于幻想而不去行动，目标就永远是空中楼阁。

5. 将以上四点清楚地写在纸上，不要仅仅依靠你的记忆力，而一定要体现为白纸黑字。

6. 每天两次大声朗读你的计划，比如在晚上睡觉以前，在早上起床之后。而且你朗读的时候要想象自己已经看到、感觉到并深信你已经拥有这些成就。

生活中有太多这样的人，他们对生活有一点小小的改善就心满意足。他们没有想过、或者没有给自己制定明确的目标。很多人工作勤奋只是为了能在所在的单位呆得下去，只为了能够达到眼前的糊口的目的，却没有什么更远大的理想。他们努力工作，但没有远大的志向。这样的人只能永远处在低级的职位上，无论他们多么勤奋，都不会有什么大的作为。

第五章

灵魂如果没有确定的目标，它就会丧失自己

任何人都是目标的追求者，一旦达到目的，第二天就必须为第二个目标动身起程了……人生就是要我们起跑、飞奔、修正方向，如同开车奔驰在公路上，有时偶尔在岔道上稍事休整，便又继续不断在大道上奔跑。

搭建自己的人生灯塔

在这里，我们先引用成功大师拿破仑·希尔的一个故事。

拿破仑·希尔说：有一位二十来岁的年轻人曾来找我商量。他表示，对于目前的工作甚不满意，希望能拥有更适合于他的终生事业，他极欲知道如何做才能改善他目前的情况。

"你想往何处去呢？"我这样问他。

"关于这一点，说实在的我并不清楚。"他犹豫了一会儿，继续回答道，"我根本没有思考过这件事，只是想着要到不同的地方去。"

"你做过最好的一件事情是什么呢？"我接着问他，"你擅长什么？"

"不知道，"他回答，"这两件事，我也从来没有思索过。"

"假定现在你必须要自己做一番选择或决定，你想要做些什么呢？你最想追求的目标是什么呢？"我追问道。

"我真的说不出来。"他相当茫然地回答，"我真的不知道自己想做些什么。这些事情我从未思索过，虽然我也曾觉得应该好好盘算这些事才对……"

"现在我可以这样告诉你，"我这么说着，"现在你想从目前所处的环境中转换到另一个地方去，但是却不知该往何处，这是因为你根本不知道自己能做什么、想做什么。其实，你在转换工作之前应该把这些事情好好做个整理。"

事实上，上述的例子正是大多数人失败的原因。由于绝大多数的人对于自己未来的目标及希望只有模糊不清的印象而已，因而通常到达不了目的地，试想，一个人没有目标，又如何到达终点呢？

后来，人们对这名年轻人进行了一番测验，分析的结果显示，他拥有相当良好、自己却浑然不觉的素质与才能，所缺乏的是供应他前进的能量。因此，人们教导他从信仰中取得力量。现在他已经能够满怀欣喜地迈向成功之路了。

经过这番测验，他已清楚了解自己究竟该往何处，以及如何才能到达该处。他也已明白何为至善，并期待达到这个目标。现在任何事物均已不可能对他构成障碍，而阻止他前进了。从现在开始，建立你发掘强项的目标，并期待至善的境界吧！

任何人如果能对自己的工作、身体及毅力都完全信任，且努力工作、全心投入的话，那么你已经找到了自己的强项，无论目标或理想如何遥不可及，你也必能排除万难，达成愿望。

不过，在进行的过程中，有一件相当重要的事是——你想往何处去呢！只有知道终点所在，才能到达终点，而梦想也才会成真。此外，期待的也必须是确立的目标。可惜的是，一般人大多并未具备上述观念，因此很难实现真正的理想，毕竟没有清楚地追求目标，想要期待至善的结果出现，这简直是不可能的事。

目标，是一个人未来生活的蓝图，又是人精神生活的支柱。美国著名整形外科医生马克斯韦尔·莫尔兹博士在《人生的支柱》中说："任何人都是目标的追求者，一旦达到目的，第二天就必须为第二个目标动身启程了……人生就是要我们起跑、飞奔、修正方向，如同开车奔驰在公路上，有时偶尔在岔道上稍事休整，便又继续不断在大道上奔跑。旅途上的种种经历才令人陶醉、亢奋激动、欣喜若狂，因为这是在你的控制之下，在你的领域之内大显身手，全力以赴。"

一个没有目标的人生，就是无的放矢，缺少方向，就像轮船没有了舵手，旅行时没有了指南针，会令我们无所适从。

一个明确的目标，可令我们的努力得到双倍、甚至数倍的回报。

而另一方面，如果目标太多，也会令我们穷于应付，觉得辛苦，并且令我们的努力得不到相应的回报，因为我们的努力不够集中。

古时候有一个财主，找一个部落首领讨要一块土地。部落首领给他一个标杆，让他把标杆插到一个适当的地方，并答应他说：如果日落之前能返回来，就把首领驻地到标杆之间的土地送给他。财主因为贪心，走得太远，不但日落之前没有赶回来，而且还累死在半路上。这个财主没有自己的目标，或者说目标不具体，所以失败了。

卡耐基就是一个很好的例子，当他决定要制造钢铁时，脑海中便不时闪现这一欲望，并变成他生命的动力。接着他寻求一位朋友的合作，由于这位朋友深受卡耐基执着力量的感动，便贡献自己的力量；凭借这两个人的共同热忱，最后又说服另外两个人加入行列。这四个人最后形成卡耐基王国的核心人物，他们组成了一个智囊团，他们四个人筹足了为达到目标所需要的资金，而最后他们每个人也都成为巨富。但这四个人的成功关键并不只是"辛勤工作"，你可能也发现到，有些人和你一样辛勤工作——甚至比你更努力——但却没有成功。教育也不是关键性的因素，华尔顿从来没有拿过罗德奖学金，但是他赚的钱，比所有念过哈佛大学的人都多。

伟大的成就，源于对积极心态的了解和运用，无论你做什么事，你的心态都会给你一定的力量。抱着积极心态，意味着你的行为和思想有助于目标的达成；而抱着消极心态，则意味着你的行为和思想不断地抵消你所付出的努力。当你将欲望变成执着，并且在设定明确目标的同时，也应该建立并发挥你的积极心态。但是设定明确目标和建立积极心态，并不表示你马上就能得到你所需要的资源，你得到这些资源的速度，应视需要范围的大小，以及你控制心境使其免于恐惧、怀疑和自我设限的情形而定。

朋友们，如果你还没有一个明确的目标，那你就应该放下手上的一切其他事情，坐下来，认真思考一下适合自己的目标了。

另一方面，如果你的目标太多的话，只会令你眼花缭乱，你也得坐下来，把它们都写在纸上，然后逐个分析它们，将不重要的删掉，留下对你最重要也最适合你去发展和追求的目标。然后，就把它作为你的努力方向去奋斗吧。如果中间发现这个目标同你的大方向有出入，你可以随时中途调整你的目标。这好比你一个人对着好几个箭靶在射击。想想看，你是指哪儿打哪儿，还是打哪儿指哪儿？小猫钓鱼的做法是不会令我们成功的，成功只光顾专心致志的老实人。

目标是指想要达到的境地或标准，有了目标，努力便有了方向。一个人有了明确的目标，就会精力集中，每天想的、做的基本上都与之所要实现的目标相吻合，避免做无用功。为了实现目标，他能始终处于一种主动求发展的竞技状态，能充分发挥主观能动作用，能精神饱满地投入学习和工作，能够脱离低级趣味的影响，而且为达到目标能够有所弃，一心向学，因此，能够尽快地实现优势积累。这就像登泰山一样，漫无目标者是随便走走，一会儿参观岱庙，一会儿选几个美景摄影留念，东游西逛，还没有走到中天门天就黑了。相反，如果你把目标确定为尽快到达玉皇顶，你就会像参加登山比赛一样，中途无心四处张望、逗留，热闹、美景全不去看，甚至帽子被风刮跑了也不肯花费时间去捡，当然会比较快地到达极顶。

从实践看，往往是奋斗目标越鲜明、越具体，就越有益于成功。正如作家高尔基所说："一个人追求的目标越高，他的才能就发展得越快，对社会就越有益。"公元前300多年，雅典有个叫台摩斯顿的人，年轻时立志做一个演说家。于是，四处拜师，学习演说术。为了练好演说，他建造了一间地下室，每天在那里练嗓音；为了迫使自己不能外出郊游，一心训练，他把头发剪一半留一半；为了克服口吃、发音困难的缺陷，他口中衔着石子朗诵长诗；为了矫正身体某些不适当的动作，他坐在利剑下；为了修正自己的面部表情，他对着镜子演讲。经过苦练，他终于成为当时"最伟大的演说家"。

我国东汉时期的思想家、哲学家王充，少年丧父，家里很穷，但他立志要学有所成。首先，他通过优异成绩获得乡里保送，进入了当时的全国最高学府——太学，利用太学里的藏书来丰富自己的头脑。其后，当太学里的书不能满足他而自己又无钱购买时，便把市上的书铺当书房，整天在里面读书，通过帮人家干零活儿来换取免费读书的资格。就这样，他几乎读遍了洛阳城的所有书铺。由于他积累了丰富的知识，终于成为我国历史上著名的学者，并写出了至今仍有重要价值的《论衡》。

明末清初著名的史学家谈迁，29岁开始编写《国榷》。由于家境贫困，买不起参考书，他就忍辱到处求人，有时为了搜集一点资料，要带着铺盖和食物跑一百多里路。经过27年艰苦努力，《国榷》初稿写成了，先后修改6次，长达500多万字。不幸的是，初稿尚未出版却被盗了。这一沉重打击，令他肝胆欲裂，痛哭不已。然而却没有动摇他著书的雄心壮志。他擦干了眼泪，又从头写起。他不顾年老多病，东奔西走，历时八九载，终于在65岁时，写成了这部卷帙浩繁的巨著。目标会使我们兴奋，目标会使我们发奋，因为走向目标便是走向成功，达到目标便是获得成功！成功是人的高级需要，世界上还有什么能比成功对人有更巨大而持久的吸引力呢？

目标有长短高低之分。比如，一生的目标、青少年时期的目标都属于长期目标，一天的目标、一个月的目标、一学期的目标属于短期目标。做一个对家庭、对社会都有突出贡献的人，做一个有所建树的人，这是高级目标；做一个在经济上、生活上依赖社会、依赖家庭的人，做一个只知道吃喝玩乐的人，这是低级目标。

每个人都应该根据自己的实际，制定出自己不同阶段的奋斗目标，包括较高一点的"期成目标"和较低一点的"必成目标"。比如对于青少年学生来说，取得较好的学习成绩，是每位中小学生的近期的必成目标；将来考上大学，成为对家庭、对亲友、对国家、对社会有用之人，成为有所建树、有所发明、有所创造之人，是每一位中小学生的长远的期成目标。

靠目标牵引你人生的船只

你为自己的人生设立了什么目标呢？事实上，大多数人所度过的一生是无意义无目标的人生。他们只是日复一日、年复一年地打点光阴，他们除了一天老似一天外，别的什么变化也看不到；他们在自己所建造的牢房里迷惘、焦躁。

人生的败者在其一生中从未达到过自我解放，从未做过给自己以人身自由的决断。即使在最自由的社会里，他们也不敢决定自己的人生如何度过。他们去工作是为了看看世上又发生了什么事情。他们宝贵的时间和精力，都浪费在观看别人如何实现自己的目标上了。

曾有人巧妙地把人比喻为一条船。在人生海洋中，大约有95%的船是无舵船。他们总是漫无目的地漂泊，面对风浪海潮的起伏变化，他们束手无策，只有听其摆布，任其漂流。结果他们要么触岩，要么撞礁，以沉没而告终。

还有约5%的人，他们有方向、目标，又研究了最佳航线，同时学习了航海技巧。这些船从此岸到彼岸，从此港到彼港，有计划地行进。那些无舵船一辈子航行的距离，他们只要两三年就达到了。他们像现实中的船长一样，既熟知下一个停泊或通过的港口，也深知航船的目的地。即使航行的目的地暂不明确（譬如探险航行），也能清楚地知道目标的特性、目的地上应有什么和现在航行在什么水域。如果出现狂风巨浪，或者其他意想不到的天灾人祸，他们不会慌张，因为他们知道，只要把应做和能做的都做到，那么抵达目的地就是确定无疑的事。

曾经有两名瓦工，在炎炎烈日下辛苦地建筑一堵墙，一位行路人走过，问他们："你们在干什么？"

"我们在砌砖。"一个人答道。

"我们在修建一座美丽的剧院。"他的同伴回答。

后来，将自己的工作视为砌砖的瓦工砌了一生的砖，而他的同伴则成了一位颇具实力的建筑师，承建了许多美丽的剧院。

为什么同是瓦工，他们的成就却有着如此巨大的差别？其实，我们从他们两人不同的回答中，已经可以看到他们之间不同的人生态度——前者把工作仅仅当成工作而已，后者则把工作当作一种创造；前者在那儿只知道把一块块砖砌到墙上去，别的一概不知不问，后者不仅是在把砖砌到墙上去，而且他的目的很明确，要修建一座美丽的剧院。

两个人在做同样的工作，一个有目标，一个无目标，这就是造成两人成就不同、命运迥异的根本原因。

成大事者往往从起步时就有了生活目标。应成为一个什么样的人？将誓死捍卫的是什么？当自己离世以后，能为后者留下些什么？——成功思索，并且明达。

成大事者很清楚，按阶段有步骤地设定目标是如何重要。"五年计划"，"一年计划"，"六个月达标"，"本年度夏季运动会的目标"等等。然而，成大事者之所以成为成大事者，最重要的原则——成大事是在一分一秒中积累起来的。

成大事者每天的目标，至少要在前一天的傍晚或晚间制定出来，还要为第二天应该做到的事情排出先后顺序，至少要写出六个以上的明确顺序的内容。于是，第二天清晨醒来，他们就按照事情的顺序，一一去身体力行。

每天结束时，他们再次确认这张目标表。完成的项目用笔划去，新的项目追加上去，一天内尚未完成的，顺推到下一天去。

一个成大事的目标，对自己和家庭，从现实到长远利益都应是周全的。

目标，应该是明确的。怎样才能进行积极的"目标设定"呢？其秘诀就在于明确规定目标，将它写成文字妥为保存。然后仿佛那个目标已经达到了一样，想象与朋友谈论它，描绘它的具体细节，并从早到晚保持这种心情。

海上行舟与我们的人生何其相似。在人生的海洋上，流逝的时间像吹到船上的风，扬起风帆的船只有我们自己。周围发生的一切，都无法代替我们去驾驭那只属于我们自己的小船。

别忘记牢牢地把稳你的船舵。制定了计划，势必推进它而不摇摆拖曳。一天有一天的目标，即刻行动起来！对确立的目标，坚定不移地执行到底。只要你能够这样每天"彩排"一遍，潜在意识就能自然接受它，使你一天天向理想的目标迈进。

人都会有这样的体会：当你确定只走一公里路的目标，在完成0.8公里时，便会有可能感觉到累而松懈自己，以为反正快到目标了。但如果你的目标是要走十公里路程，你便会作好思想准备和其他准备，调动各方面的潜在力量，这样走七八公里后，才可能会稍微放松一点。可见设定一个远大的目标，可以发挥人的很大潜能。

大目标是人生立大志，可能需要十年，二十年甚至终生为之奋斗。这样的大目标的设定是很难精确详细的。尤其是对经验不足、阅历不深的人来说，更是如此。随着成大事经验的增加，阶段性的中短期目标的实现，人会站得更高，这样对人生大目标的确立会逐渐清晰明确。

所以人生大目标，可以不要求详细、精确，只要东西南北有个比较明确的方向和大致程度要求就可以了。怎样设定自己的目标呢？

1. 目标应既有激励价值，又要现实可行

心理学实验证明，太难和太容易的事，都不容易激起人的兴趣和热情，只有比较难的事，才具有一定的挑战性，才会激发人的热情行动。

目标是现实行动的指南，如果低于自己的水平，干些不能发挥自己能力的事情，则不具有激励价值；但如果高不可攀，拿不出一项切实可行的计划来，不能在一两年内明显见效，则会挫伤积极性，反而起消极作用。

那么如何掌握一个合适的程度呢？情况完全因人而异。个人的经验、素质水平和现实环境的条件是决定我们短期目标的依据。

由于个人条件不同，我们在制定目标时，一定要根据自己的实际情况——经验阅历、素质特色、所处的环境条件等，使我们的目标既要高出现实水平，又要基本可行。

比如经验不足时，先做小房子，有盖小房子成大事的经验，便可超出常规盖大房子，再盖摩天大厦。如果完全没有盖中小房子的经验，却突然要制定盖大房子的目标，这就不现实可行了。当然，长期停留在盖小房子的水平上，就没有激励价值，也就谈不上成大事。

2. 目标应尽可能具体明确，并限定时间

目标，或者三五年，或者一二年，有的短期目标可短到半年三个月。这样的中短期目标，如果还不具体明确的话，那等于没有目标。只有具体、明确并有时限的目标才具有行动指导和激励的价值。你要在特定的时限内完成特定的任务，你就会集中精力，开动脑筋，调动自己和他人的潜力，为实现目标而奋斗。如果没有明确具体目标和时限，任何人都难免精神涣散、松松垮垮。这样就谈不上成大事和卓越。

3. 目标需要不断调整修改

每年至少要作一次检查校对，对我们的各种目标作出必要的调整修改。情况是在不断地变化，当时制定的目标，是在当时的环境条件下形成的，如果环境条件变化了，难道你还能僵化固守在那个目标上吗？如果僵化保守，我们就很难发挥潜能、利用环境走向成大事。

4. 设立目标须全面衡量，切勿草率

设定目标，是我们走向成大事卓越的重大起步，必须配合具体的行动计划作充分的思考。目标将是我们行动的指南，如果目标错了，我们就会走错路，做无用功，浪费我们的宝贵时间和生命。因此，无论如何，我们不能在设立目标时草率行事。

设立目标时，要在自己的阅历、素质和社会环境条件与需要等诸多因素上反复琢磨、论证、比较，一定要把它当作人生最重要的事情来做，切勿草率，否则贻害自己。

5. 放胆一试，在实践中完善

制定目标是对未来的设计，肯定有许多把握不准的因素，如果我们不勇敢地进行试验、实践，我们就很难知道目标是否正确。"不入虎穴，焉得虎子"。一个目标是否恰当，往往需要在实践中不断完善。前面提到切勿草率对待确立目标，是要我们有认真的态度。对能把握的东西，进行仔细的分析、对还不能把握的东西，就必须先尝试实践，再不断完善。

另外，在设定目标时，还必须注意以下四点事项：

①写下你的目标。当你书写时，你的思维活动会自然地使目标在你的记忆中产生一种不可磨灭的印象。

②给你自己确定时限，安排达到目标的时间。这一点的重要性在于激励你不断地向目标迈进。

③把你的目标定得高一些。达到目标的难易程度与你付出努力之间似乎有着直接的关系。一般说来，你把你的主要目标定得愈高，你为达到这个目标所付出的努力也就愈大。

④胸怀壮志。树立人生更高的目标，不断地向自己提出更高的要求。因为很明显的事实是：更高的目标将激励人们发扬更高昂的战斗精神。

当然选择目标也是一件令人头痛的事，大概有什么样的选择，就会带来什么样的目标和结果。因此如果说成功的渴望是发掘自己强项的催化剂，而选择恰当的目标则是开启发掘强项的"钥匙"。

目标是一种需要恰当地选择的方向。假如你的一个目标发生了问题，应当更换另一个目标，这样才能重新确定自己的强项！

1888年，作为银行家的里凡·莫顿先生成为美国副总统候选人，一时声名赫然。1893年夏天詹姆斯·威尔逊先生到华盛顿拜访里凡·莫顿。在谈话之中，威尔逊偶然问起莫顿是怎样由一个布商变为银行家的，里凡·莫顿说："那完全是因为爱默生的一句话。事情是这样的：当时我还在经营布料生意，业务状况比较平稳。但是有一天，我偶然读到爱默生写的一本书，爱默生在书中写的这样一句话映入了我的眼帘——'如果一个人拥有一种别人所需要的特长，那么无论他在哪里都不会被埋没。'这句话给我留下了深刻的印象，顿时使我改变了原来的目标。

"当时我做生意本来就很守信用，但是与所有商人一样，难免要去银行贷些款项来周转。看到了爱默生的那句话后，我就仔细考虑了一下，觉得当时各行各业中最急需的就是银行业。人们的生活起居、生意买卖，处处都需要金钱；天下又不知有多少人为了金钱，要翻山越岭、吃尽苦头。于是，我下决心抛开布行，开始创办银行。在稳当可靠的条件下，我尽量多往外放款。一开始，我要去找贷款人，后来，许多人都开始来找我了。由此可见，任何事情，只要脚踏实地去

只为成就更好的自己　我们努力不为别人，

做，不可能会失败。"

自古以来，不知有多少人因为一生干着不恰当的工作而遭遇失败。在这些失败者中，有不少人做事都很认真，似乎应该能够成功，但实际上却一败涂地，这是为什么呢？原因在于，他们根本就没有找到适合自己的工作。

如果你所从事的事业一直没有成功的希望，那就不必再浪费时间了，不要再无谓地消耗自己的力量，而应该再去寻找另一片沃土。当然，在你重新确定目标，改变航向之前，一定要经过慎重的考虑，尤其不可三心二意，不可以既要抱着这个又想拥有那个。

在美国西部，有一位著名的木材商人，他曾经做了四十年的牧师，可是一直无法成为一个胜任而出色的牧师。他考虑再三后，对自己的优势和弱点有了重新的认识，于是立刻改变目标，开始经营商业。他从此一帆风顺，最终成为一个全国有名的木材商人，富甲一方。

两颗同样的种子由于落在不同的地方，一颗长成瘦枝细叶、异常矮小的树，一棵长成蓬勃茂盛的参天大树。可见，环境对事物、对人的影响力也不容轻视。

一个人由于找错了职业以致不能充分发挥自己的才干，这实在是件可惜的事情。但是，只要找到正确的方向，就完全有可能走上成功之路。只要他能够认识到这个问题，就算晚了一些，也仍然有东山再起的希望。到那时，他一定会感到自己的生活和思想都焕然一新，似乎变成了另一个人一般。

直逼你的核心目标

据圣经记载，马太曾说：这世界是穷者越来越穷，富者越来越富。后来人们把这种现象称为马太效应。

成功与失败也有两极分化的马太效应。成功会使你越自信，越能成功；而失败会使人越失败，离成功越来越远。拿破仑一生曾打过 100 多次胜仗，胜利使他坚信自己会所向披靡，而使敌人闻风丧胆。古语所说的"屋漏偏遭连夜雨""祸不单行"正是这种现象的写照。

所以你的目标确定以后，就要坚持，一定要找出办法来，将其实现。如果一味放弃的话，只能导致你越来越不自信，越来越远离成功。

直逼你的目标，你会更加容易把握机遇，更加容易战胜怯弱的自我，在艰辛的劳作之后取得成功。

许多人不可谓不辛苦，花的时间用的精力不可谓不多，但为何他的人生从来就没有成功过，始终未见成果？

其实成功也很简单，那就是直逼你的目标。坚持，坚持，再坚持。

现在有些人总是抱怨自己缺乏书本知识，抱怨自己没有开发新领域的机遇，抱怨命运的不公平。要知道抱怨是于事无补的。抓紧时间，勤奋学习，明确自己的奋斗目标，然后，围绕目标，千方百计，攻关破难，仍然不失为走向成功的一个好方法。这就要求：直接对准选定的创造目标，直接进入创造状态，建立知识输入、知识积累的有序性——即根据创造需要贮存知识、补充知识，而不搞烦琐的知识准备。

爱因斯坦为什么年仅 26 岁时就在物理学的几个领域作出第一流的贡献？达·芬奇为什么能成为"全才"？仅仅是因为他们的天赋吗？可以说，许多科学家能迅速取得成功都在不同程度上使用过这种"直接法"。试想，当时爱因斯坦

20 多岁，学习物理学的时间不算长，作为一个业余研究者，他的时间更是极为有限。而物理学的知识浩如烟海，如果他不是运用直接目标法，就不可能在物理学的三个领域都取得第一流的成就。他在《自述》中说："我看数学分成许多专门领域，每一个领域都能费尽我们所能有的短暂的一生，物理学也分成了各个领域，其中每一个领域都能吞噬短暂的一生……可是，在这个领域里，我不久就学会了识别出那种能导致深邃知识的东西，而把其他许多东西撇开不管，把许多充塞脑袋，并使它偏离主要目标的东西撇开不管。"

运用直逼目标的方法有哪些好处呢？其一是可以早出成果，快出成果；其二是有利于高效地学习，有利于建立自己独特的最佳知识结构，并据此发现自己过去未发挥的优点，使独创性的思想产生。直逼目标还可以使大胆的"外行人"毅然闯入某一领域并使之得以突破。DNA 双螺旋结构分子模型的发现就是有力的例证。被誉为"生物学的革命"这个 20 世纪以来生物科学最伟大的发现的发现者是沃森和克里克，两人当时都很年轻（沃森当时仅 25 岁），而且都是半路出家。他们从认识到合作，从决定着手研究到提出 DNA 双螺旋结构分子模型，历时仅仅一年半。可以说，如果沃森他们不是直逼目标，是不可能在短短的时间内获得如此巨大的成功的。

人类知识的发展是有着"可压缩性"与"可跳跃性"两种性质的。学习不是把前人的路再走一遍；我们不需要从甲骨文，从矿石收音机渐次学起，而只需直接学习现代汉语与集成电路。中学数学中的那些千奇百怪的因式分解题足以使人神经衰弱，但如学了高等数学的罗必塔法则，一切则轻而易举。杨振宁教授认为有些知识不见得非学透、学懂，有个大概印象即可，用时再细学。美国心理学家雷亚德认为："就一般情况而论，多数人都是等到开始工作的时候，方才到处请教学习。"讲的也是这个道理。

直逼目标虽然是把握机遇、创造机遇的好方法，但也要运用得当。对准创造目标并不意味着没有一点知识也可以进入创造状态，而是指只有在阶段时间内集中精力掌握某一领域所必备的知识，才能较快地取得成功。

不要让眼睛离开目标

如果一辈子只做一件事情，那样的话那件事情一定是一件精品，或许会流传下去的。

自然，一辈子只做一件事情，需要很大的勇气，很多的耐心，要耐得住寂寞。那样，你就要把眼睛死死地盯住你的目标。

古往今来，凡是有所作为的科学家、艺术家或思想家、政治家，无不注重人生的理想、志向和目标。何谓目标呢？它犹如人生的太阳，驱散人们前进道路上的迷雾，照亮人生的路标。目标，是一个人未来生活的蓝图，又是人的精神生活的支柱。美国著名整形外科医生马克斯韦尔·莫尔兹博士在《人生的支柱》中说："任何人都是目标的追求者，一旦达到目的，第二天就必须为第二个目标动身启程了……人生就是要我们起跑、飞奔、修正方向，如同开车奔驰在公路上，有时偶尔在岔道上稍事休整，便又继续不断在大道上迅跑。旅途上的种种经历才令人陶醉、亢奋激励、欣喜若狂，因为这是在你的控制之下，在你的领域之内大显身手，全力以赴。"

那么，目标对机遇有何作用力呢？如果概括一句，我们可以这样理解：机遇就是对目标的控制，即对目标的内在控制力。

在科技发展的历史上，有很多著名人才都是眼睛紧紧抓住目标，达到把握机遇的目的。德国昆虫学家法布尔这样劝告一些爱好广泛而收效甚微的青年，他用一块放大镜子示意说："把你的精力集中放到一个焦点去试一试，就像这块凸透镜一样。"这实际是法布尔个人成功的经验之谈。他从年轻的时候起就专攻"昆虫"，甚至能够一动不动地趴在地上仔细观察昆虫长达几个小时。

我国著名气象学家竺可桢是目标聚焦的践行者，观察记录气象资料长达三四十年，直到临终的前一天，他还在病床上作了当天的气象记录。

怎样才能让眼睛不离开目标呢？

一是要确定目标，二是要考察自己的长处和短处，结合自己的情况，扬长避短。

我国著名的科普作家高士其在他人生的艰难征途上走过 83 个年头。从 1928 年他在芝加哥大学医学研究院的实验室做试验，小脑受到甲型脑炎病毒感染起，他同病魔顽强地斗争了整整 60 年。在 1939 年全身瘫痪之前，他根据自己的健康状况和所拥有的较全面的医学、生物学知识，坚定地选择"科普"作为自己的事业。他是一位科学家，又成了一位杰出的科普作家和科普活动家。在全身瘫痪，手不能握笔，腿不能走路，连正常说话的能力也丧失，口授只有秘书听得懂的艰难情况下，从事科普创作 50 多年，用通俗的语言、生动的笔调、活泼的形式写了大量独具风格的科普作品。

目标聚焦，虽然方向正确、方法对头，但成功的机遇有时可能姗姗来迟。如果缺乏坚韧的意志，就会出现功败垂成的悲剧。生物学家巴斯德说过："告诉你使我达到目标的奥秘吧，我的唯一的力量就是我的坚持精神。"很多成就事业的人都是如此。如洪晟写作《长生殿》用 9 年，吴敬梓写作《儒林外史》用 14 年；阿·托尔斯泰写作《苦难的历程》用 20 年，列夫·托尔斯泰写作《战争与和平》用 37 年，司马迁写《史记》更是耗尽毕生精力，等等。我国古代著名医师程国彭在论述治学之道时所说"思贵专一，不容浮躁者问津；学贵沉潜，不容浮躁者涉猎"，讲的就是这个道理。

驰名中外的舞蹈艺术家陈爱莲在回忆自己的成才道路时，也告诉人们"聚焦目标"的际遇："因为热爱舞蹈，我就准备一辈子为它受苦。在我的生活中，几乎没有什么'八小时'以内或以外的区别，更没有假日或非假日的区别。筋骨肌肉之苦，精神疲劳之苦，都因为我热爱舞蹈事业而产生。但是我也是幸福的。我把自己全部精力的焦点都对准在舞蹈事业上，心甘情愿为它吃苦，从而使我的生活也更为充实、多彩，心情更加舒畅、豁达。"

罗斯福总统夫人在本宁顿学院念书时，要在电讯业找一份工作，修几个学分。她父亲为她约好去见他的一个朋友——当时担任美图无线电公司董事长的萨尔洛夫将军。罗斯福夫人回忆说：将军问我想做哪种工作，我说随便吧。将军却对我说，没有一类工作叫"随便"。他目光逼人地提醒我说，成功的道路是目标铺成的！

记得著名哲学家黑格尔说过的一句话："一个有品格的人即是一个有理智的人。由于他心中有确定的目标，并且坚定不移地以求达到他的目标……他必须如歌德所说，知道限制自己；反之，那些什么事情都想做的人，其实什么事都不能做，而终归于失败。"

是的，机遇就在目标之中。用眼睛盯住目标，必须用理智去战胜飘忽不定的兴趣，不要见异思迁。正如美国作家马克·吐温所说的："人的思维是了不起的。只要专注某一项事业，那就一定会做出使自己都感到吃惊的成绩来。"

让目标为胜利开路

若要获得成功，必须设立目标为你的胜利开路。具体地说，你是想成为亿万富翁或是学界领袖，你想身体健康或者是娶个美妻，你想拥有很多财富或是一个宁静的山村，你想施舍贫困或是建立社会地位，你想成为杰出演员或是一个科学家……以上所列都可以成为你的目标的范围。

假设你已经设定了明确目标，接下来你可能会问："在哪里可以得到执行计划所需要的资源？"从贫穷到富有，第一步是最困难的。其中的关键，在于你必须了解，所有财富和物质的获得，都必须先建立清晰且明确的目标；当目标的追求变成一种执着时，你就会发现，你所有的行动都会带领你朝着这个目标迈进。

西方国家的一些成功学文章认为，在设定目标后，"向成功人士学习，做成功者的事情，加以运用到自己身上，然后再以自己的风格，创出一套自己的成功哲学和理论"，加上实践，就可以获得成功。卡耐基就是一个很好的例子，当他决定要制造钢铁时，脑海中便不时闪现此一欲望，并变成他生命的动力。接着他寻求一位朋友的合作，由于这位朋友深受卡耐基执着力量的感动，便贡献自己的力量；这两个人的共同热忱，最后再说服另外两个人加入行列。这四个人最后形成卡耐基王国的核心人物，他们组成了一个智囊团，他们四个人筹足了为达到目标所需要的资金，而最后他们每个人也都成为巨富。但这四个人的成功关键并不只是"辛勤工作"而已，你可能也发现到，有些人和你一样辛勤工作——甚至比你更努力——但却没有成功。教育也不是关键性的因素，华尔顿从来没有拿过罗德奖学金，但是他赚的钱，比所有念过哈佛大学的人都多。

伟大的成就，是来自对积极心态的了解和运用，无论你做任何一件事，你的心态都会给你一定的力量。抱持着积极心态，意味着你的行为和思想有助于目标的达成；而抱持消极心态，则意味你的行为和思想不断地抵消你所付出的努力。

当你将欲望变成执着时，并且设定明确目标的同时，也就是你的积极心态发挥巨大的威力之时。

对成功者来说，个人的成长、贡献、创造力、爱情及与他人分享成功的欢乐，使他们成为不平常的人，但他们的目标却是普通的。

明确地写下已确定的目标，是有助于达到目标的。大多数人没有达到自己目标的原因，是他们没有确定的目标。他们从未严肃地考虑过这一点；即使有了目标，也把它当作不可信的和无法实现的。换句话说，他们从没确定过目标，他们失败是因为不按计划去做。成功者则可告诉你应去哪儿，大约多长时间，为什么去那儿，沿途做些什么，同谁共患难。

做一个一生成功的计划吧！

具体来说，成功的计划应该是这样的：

一生的目标是什么？怎样去达到目标？想告诉你的后代哪些关于你的事？大概地写在纸上。

近几年要达到什么样的目标？在下面八个方面订出今后五年中的主要目标：生涯、体力、家庭、个人态度、经济、公共事业、教育和娱乐。

列出明年准备实施的计划，从上面八个方面检查一下自己本年度目标进展情况，在 12 月 31 日或 1 月 1 日具体实施自己一年的计划。

在台历上记录下月要做些什么，达到什么样的目的，为了达到年度的目标，要同哪些人取得联系。

用一个小型的本子记一周的经历，确定下周要达到自己的目的要进行的活动，每天早晚总结一下完成的情况。

确定每天的具体工作。每天工作结束后，拟出明天准备做的工作项目。每天睡觉前和第二天早上起床前要核对一下当天工作完成情况，尽量不要把没有完成的工作转到第二天。

设计一个以经济上的成功刺激个人成长的计划。考虑一下自己到退休时可达到的收入水平，现在就着手努力。检查一下自己目前的收支情况，以及应付紧急情况和意外事故的存款情况。计划下一个月的收支，订出一个节余计划。

对自己的每一个目标，要考虑有关的资料，搜集有助于自己目标完成的材料。如报纸、书籍、磁带、杂志上剪下的图画、消费报告、彩色样品等，并乐于利用这些。

经常与成功者或有关的专家交往，取得他们的帮助，要认真区分谁是不诚实的人，谁是真心要帮助你的人。

顾全大局，目光长远

　　成都的一家中外合资酒店，因为总经理为人苛刻，对待员工不公，所以很多部门经理联合员工准备发动"政变"，以集体辞职要挟老板炒掉这个大家公认为可恶的总经理。

　　联名信上传到在香港的酒店的老板处一星期后，老板忽然飞到了成都，把所有员工召集到大厅，平心静气地说："我听说最近大家有许多想法，我希望大家畅所欲言，把你们的意见提出来，我们可以好好交流沟通，看看怎么样可以使大家工作得更安心，更满意。"

　　话音刚落，"政变"的发起人之一小胡首先发难，言辞激烈地指责总经理要员工超时工作而给不足加班费，紧接着其他几个部门经理也都举出事例说明一些不合理罚款，几个员工也都声讨经理喜欢骂人，对属下不尊重，一意孤行，从不听取大家意见。

　　这时，老板点了西餐部经理小林的名字："你呢？你对这件事有什么意见吗？"小林抬起头，只见数百双眼睛一齐看向他，而老板仍同往常一样严肃平和，不动声色。在这一刻小林忽然想起老板以前对他说过的话："在任何时候都要记得谁是你的老板，谁是你的顶头上司。"

　　"我的顶头上司是总经理，我必须清楚地记得自己的角色，那么，作为总经理手下的部门经理，此刻我应有的表现该是怎样的呢？"想到此处，小林的头脑猛地清醒过来，清清嗓子，诚恳地说："我们酒店就像一个大家庭，矛盾免不了会有，但也都是内部矛盾，大家的意愿都是一样的，就是希望这个家可以过得更好，这就需要每个家庭成员都能和睦相处，也希望做家长的能够公正体下。如果家很温暖，又有谁真会愿意离开自己的家园呢？但无论怎样说，家丑不要外扬，现在马上就要开工了，很快就会有客人来，所以大家现在最应该做的就是各就各

只为成就更好的自己

我们努力不为别人，

位，准备工作，不要因为自己的情绪而影响了酒店的利益。至于家人之间的内部矛盾，不如另找时间我们慢慢地谈。"

小林的话说完后，大家都沉默了。老板环视一下四周，镇定地说："这话说得没错，大家应该首先以工作为重。现在，大家就各就各位先开工吧。但是有意见也不要憋着，可以一个个到我办公室来谈。"说完他率先站起进了办公室，小胡紧跟着站了起来，小林急忙拉住他劝："大家再商量一下。"他却一甩手大声地对众人说："老板已经说了，有意见要我们到办公室同他谈，他会让我们满意。现在，还有话要说的，跟我来。"顿时，几个经理和十几个员工跟着他站了起来。

见此情景，小林无奈，只好转而求其次，也站起来宣布："西餐部的员工，请跟我一起到3号包房开个短会。"

关上3号包厢的门，小林清清楚楚地告诉大家，请他们想一想，如果自己是老板，会不会喜欢一个冲动闹事、牢骚满腹、不顾大局的员工。老板是投资人，他要的是利润，是效益，炒掉总经理能够给他带来更大的效益吗？如果不能，那么有什么把握认为大家可以把总经理炒掉？况且，即使真的老板害怕留总经理会让大家一起辞职，将总经理炒了，新来的经理就一定会更好吗？老板又会不会留下一批曾经以辞职要挟过他的员工继续工作呢？所以大家必须认清自己的角色，我们是员工，公司的利益大于一切，必须先顾全公司的利益，我们才可以要求自己的权益。所以，我们必须认清立场，站在酒店的角度想问题。那么，大家应不应该在这种时候去向老板提辞职呢？

那天，有很多人先后找老板谈了话，但没有一个是西餐部的。西餐部的工作一切照常，甚至比往日更加秩序井然。三天后，酒店又召开了一次大会，老板亲自宣布了新的工资和奖金制度，各部门都有了不同程度的上涨，加班费提升到了以前的三倍。而小林，亦以其顾全大局的表现被提升为酒店副总经理。

看罢这个故事，难道我们还会相信那些为"小我"而不顾大局的人能够坐到前排吗？不，能够获得成功的人，只有时时不忘顾全大局的人。

会下棋的人都知道，在对弈中，决定胜负的关键是你是否能比对手多看几步棋。有的人走一步看一步，遇到水平相差无几的对手还可互有胜负，倘是遇到高手，结局只有失败。

我们常常听到关于某人有水平，某人智商高的谈论。那么，何为水平？社会分工不同，各业有别，行行出状元，各有其水平可论。但是，其中有一个共同的东西，即所谓隔行不隔理，所谓触类而旁通，所谓举一而反三。就是说，行行可以抽象出来一个共同的所谓水平，即思想、思考、思索的能力。就像与人对弈一样，主要在于你能看多远。

我国的古典文学名著《三国演义》，在错综复杂的政治军事环境里，纷纭乱世生活之中，塑造了众多个智多星的形象，而出类拔萃的典型便属诸葛亮了。从中，我们可以清清楚楚地看到，目光的长与短，看一步与看两步、三步、多步，其结果明显不同。一是失败，一是胜利；一是千万人头落地，一是"鞭敲金打响，人唱凯歌还"。在现实的工作中、生活里，这种可以类比的事情多而又多。

在典型事例中找典型事例，还是从诸葛亮智斗司马懿谈起吧。孔明五出祁山，每次均与懿斗智，司马懿常常是仰天长叹：我不如也，孔明智在我先，孔明真神人也……即使孔明偶尔失算，也还要"较变通之道于将来"。

空城计是怎样唱出来的呢？还不是孔明看了三步，而司马懿只看了一步么。孔明看的第一步，懿统率大军兵临城下，"吾兵只有二千五百，若弃城而走，必不能远遁。得不为司马懿所擒乎？"第二步，"此人料吾生平谨慎，必不弄险；见如此模样，疑有伏兵……"此九十五回开篇便埋下了伏笔，即司马懿请先锋张辽至帐下曰："诸葛亮平生谨慎，未敢造次行事。"孔明自己也说："吾非行险，盖因不得已而用之。"第三步，"司马懿必将复来"，因而设了许多伏兵和疑兵。懿知晓西城乃空城之后，仰天叹曰："吾不如孔明也！"不如什么呢？比孔明少看了几步。

"夫兵者，诡道也"，谁目光长远，谁能多看几步，谁胜利的把握就大些，损失就少些，甚至还可以以少胜多，以弱胜强。

我们生存的这个社会就好比战场或是棋局，我们在这个社会上的生存就好比战争或是对弈。其间，谁的目光更远，谁能多看几步，谁就将笑到最后。

第六章

我荒废了时间，时间便把我荒废了

也许人的梦想是无限的，可人的生命是有限的，时间永远跑在你的前面，它是不会为任何人停下脚步的，我们每一个人一生就像在和时间赛跑，也许你永远也追不上它，而你却不能停止为了追赶它而奔跑的脚步。

虚度时间是不可饶恕的犯罪

时间是什么？

时间是人生最初的财富。一个人刚来到世上时，时间是他唯一的财富。

时间是生命。所谓生命，就是逐渐支出时间的过程。有些人需要地位，就用自己的时间去换取权力；有些人需要财富，就把它一点点地换成金钱，有些人需要闲适，于是就在宁静和安谧中从容地度过自己的时日。

如果你热爱自己的生命，你就应该珍惜时间，合理地利用时间，不教一日闲过。

关于古人珍惜时间的记载很多，班固的《汉书·食货志》载："冬，民既入；妇人同巷，相从夜织，女工一月得四十五日。"一月怎么能有四十五日呢？颜师古为此注释说："一月之中，又得夜半十五日，共四十五日。"这就很清楚了，原来古人除了计算白天一日外，还将每个夜晚的时间算作半日，一月就多了十五天，这是对时间十分科学合理地利用。古来一切有成就的人，都很严肃地对待自己的生命，当他活着一天，总尽量多劳动、多工作、多学习，不肯虚度年华，不让时间白白浪费掉。

时间是世界上最公平的东西，富人和穷人每天所分配的时间都是二十四小时。只不过有的人会善加利用，有的人任意挥霍。任意挥霍者便会抱怨时间不够用。其实时间就像海绵里的水，只要愿挤，总还是有的。正如歌德所说："我们有足够的时间，如果恰当地去用它。"

有个学生向老师抱怨说："我的时间总不够用。"

于是，老师找来一只箱子，里面放了些大石头，此时箱子看来是满的。但是老师又让学生放一些弹珠进去，石头的缝隙中竟可以放许多弹珠。这样一来，似乎箱子又满了。但是老师又要学生倒入一桶细沙，等细沙也塞不下时，居然还可以倒入一盆水。

最后老师对学生说："你看到箱子满了，但仍然能再放入东西。你似乎觉得时间已排得满满的，但其中还有一些闲散的时光可以利用。"

时间是世界上一切成就的土壤。时间给空想者痛苦，给创作者幸福，虚掷光阴的人将被时间毁灭。

"一寸光阴一寸金，寸金难买寸光阴。"我们要学会节约时间，绝对不要过混天磨日，消磨时光的生活。马克·吐温说："我们计算着每一寸逝去的光阴；我们跟它们分离时所感到的痛苦和悲伤，就跟一个守财奴在眼睁睁地瞧着他的积蓄一个子儿、一个子儿地给强盗拿走而没法阻止时所感到的一样。"

卡耐基说："想成为富翁的秘诀，不过是各位天天做买卖，已精通生计之道了，下面两点尽道其诀窍。那就是：'勤勉'和'惜时'。"勤奋的人是时间的主人，懒惰的人是时间的奴隶，你愿意成为奴隶吗？你愿意少壮时不努力，老时再让伤悲来折磨自己的心吗？

与时间赛跑，和时间同步

听说过这样一个故事：中国老太太辛辛苦苦赚了一辈子的钱，攒了一辈子的钱，在有生之年终于实现了有房子、有车子、有票子的人生梦想，可她操劳一辈子却换回自己一身的病痛，并不能好好享受几天生活。而美国老太太呢，从年轻的时候就开始贷款购房、买车，一边享受生活，一边借助于生活的压力努力赚钱，到她老的时候，已享受过最美好的生活并偿清所有的债务。

这是个很典型的故事，它的的确确真实地反映了中国广大劳动妇女与美国广大劳动妇女截然不同的生命历程。在这里我们不禁疑惑，为什么中国老太太不能像美国老太太那样愉快而刺激地过完一生呢？她含辛茹苦得到的又是什么呢？是一身的病痛还是自己为子孙后代留下的财富？

也许这位中国老太太觉得自己是幸福的，可在我们现代人的眼里，她是可悲的。她其实是在浪费自己的生命，用自己一生的精力去换回别人的衣食无忧，是不是太不划算了？这个代价未免也太大了。看美国老太在享受生活的基础上更好地赚钱，不仅能有滋有味地生活着，同时也能为子孙后代谋福利。

美国老太太的高明之处，就在于她懂得时间的可贵，与时间赛跑，和时间同步。

人的一生有很多梦想，有的实现了，而有的由于种种原因没有实现。也许人的梦想是无限的，可人的生命是有限的，时间永远跑在你的前面，它是不会为任何人停下脚步的，我们每一个人一生就像在和时间赛跑，也许你永远也追不上它，而你却不能停止为了追赶它而奔跑的脚步。

那么我们要如何利用好有限的生命去实现无限的梦想呢？就看我们怎样去经营自己的生活，看我们懂不懂得浓缩生命，懂不懂得花明天的时间去圆今天的梦了。

有一个癌症病人，他想用自己最后几年的生命去圆他尚未实现的 27 个梦想，结果他居然一个一个地把那些梦想全实现了。后来他告诉别人："我真的无法想象要不是这场病，我的生命该是多么的糟糕。是它提醒了我，去做自己想做的事，去实现自己想要实现的梦想。现在我才体会到什么是真正的生命和人生。"

在这个世界上，其实我们每个人都患有一种癌症，那就是不可抗拒的死亡。我们之所以没有像那位癌症病人一样抛开一切多余的东西去实现梦想，去做自己想做的事，也许是因为我们认为我们还会活得更久。然而也许正是这个差别，使我们的生命有了质的不同，有些人把梦想变成了现实，有些人则把梦想带进了坟墓。

分清轻重缓急，不为小事抓狂

工作勤奋而没有取得多少成就的人在生活中比比皆是。我们前面讲过，这可能是因为他们缺乏明确的目标。此外他们在工作方法上也常犯一个错误，就是分不清主次轻重。常常是拣了西瓜丢芝麻，小事干得又多又好，却成效不大，因为那毕竟是小事啊。而真正重要的大事却常常被他们忽视，因为小事已经占用了他们大部分的时间和精力。每一个工作勤奋的人是否该反思一下自己是否存在这样的问题呢？

现代办公室的典型场景是：我们每天被繁杂的事务弄得焦头烂额、头晕目眩，如堆满桌子的文件，一个接一个的电话，不断来访的客人，顾客的投诉抱怨……而一个高效成功的人士却能够从容地应对这一切。他们懂得如何把重要紧急的事放在第一位，控制自己不会变成一个工作狂。他们懂得如何授权给别人，如何减少干扰、如何集中注意力，利用好精力充沛的时间，他们有效地主持会议，训练自己快速而有效地阅读……因为他们养成了一个良好的习惯——如何分清轻重缓急。

令人遗憾的是，很多工作勤奋的人把注意力集中在一些根本不会给他们带来任何成就感和快乐的工作项目及其他活动上。这个勤奋的人很活跃但却不知道自己活动的真正目的是什么，那么他的活跃就是毫无意义的。无论何时当你正在为一些错误的事情而工作时，无论做了多少工作都是白搭。最有效的成功途径就是遵循80/20法则。

80/20法则是一百多年以前由意大利经济学家帕累托提出的。这个法则是说我们80%的收入来源于我们20%的行为。也就是说，我们浪费了80%的时间，或者至少是没有对这80%的时间进行最充分的利用。那么创造了你80%的成果的具有魔力的20%又是你工作的哪一部分呢？

许多售货员觉得自己的职责只是迎来送往，从来没有勇气为自己做决策；许多职员一连几个小时按部就班地工作；许多上司每天忙于处理下属的工作，却没有时间从事真正能带来销售量和利润的行为。只有那些将剩余的80%行为中的一大部分也投入在创造收入的行为中的人才可以大幅度地提高自己的工作效率。

在每一项工作中都包括了一些关键性的任务，也就是最后决定了收入高低的少数关键行为，我们必须将自己的注意力放在这一部分上。让人感到吃惊的是，通常情况下，从事创造收入的行为并不像我们想象的那么难。真正勤奋的人应该认识到，一个人的成功之处并非在于他们做的是异常艰巨的事情，而是因为他们将一些简单的事情完成得非常出色。关键只在于：他们在做这些事情！

前面我们讨论过目标的重要性，有了目标，可以帮助我们确定事情的轻重缓急。正是因为缺乏目标，勤奋的人才容易陷进无穷无尽的日常事务当中。一个忘记最重要事情的人，会成为琐事的奴隶，有人曾经说过，"智慧就是懂得该忽视什么东西的艺术"，这句话包含着重要的哲理。要发挥潜力，勤奋的人应该懂得，要全神贯注于自己有优势并一定会有回报的方面。当你不停地在自己有优势的方面努力时，这些优势会进一步发展。

成功的人士一般都有一个重要的习惯，那就是找出并设法控制那些最能影响他们工作的重要之点。这样，他们工作起来就会比一般人更为轻松愉快。因为他们已经懂得秘诀，知道从一大堆不重要的事实中抽出重要的事实，这样，他们等于为自己的杠杆找到了一合适的支点，只要用小指头轻轻一拨，就能移动原先即使整个身体也无法移动的沉重工作。

从一个人怎样对待信息可以看出一个人是否善于从一大堆事情中分离出重要的事实。有很多人对于在报上所看到的所有消息全部接受，而不会加以分析；他们对别人的判断，也是根据这些人的敌人、竞争者或者同时代的人评语来决定。这种人一开口说话时，通常都是这样说："我从报上看到……"或者是"他们说……"思想方法正确的人都知道，报纸的报道并不是一定正确，也知道"他们说"的内容也有很多是不正确的消息多过正确的消息。这说明这些人还没有养成重点思维的习惯。当然，在新闻报道和他人的传言中也包含很多真理与事实，但是聪明人都不会把他所看到的以及所听到的全盘接受下来。

养成重点思维，就是避免眉毛胡子一把抓，要分清主次。我们要时刻避免自己被不重要的事情引入歧途。某件事情很有趣并不意味着它就值得去做。即使这件事情是有帮助的，但并不一定意味着这件事情就是值得做的。问题是，它能有多大帮助？换句话说，它是否比你能从事的其他事情更有帮助？根据这种思考，你要决定自己是否有必要做这个事情。

做事情如果不能把握关键所在，结果往往会事倍功半，出力不讨好。那样常常是付出大量的人力、物力和财力，结果却收效甚微。这是太多勤奋的人一直在做的事情。相反，如果能够了解事物的关键所在，结果就会完全不同。

勤奋的人要经常想想，有哪一件你可以做但现在没有做的事，如果你经常做会使你个人的生活发生巨大的积极变化？我们在分清事物的重要性上常犯的一个错误是把紧急的当成重要的。

确定一项活动的两个要素是紧急和重要。紧急意味着需要立即注意，是"现在"。例如，电话铃响了是紧急的，多数人不会让电话铃一直响着而不去接。举个例子，你可以花好几个小时准备材料，你可以穿上正式的服装去一个人的办公室讨论某个问题，但是，如果你在那里时电话铃响了，一般说来，你总是要暂时放下你的私人访问去接电话。你给别人打电话，很少有人会说："我 10 分钟以后再来通话，请等一等。"但这些人可能会因为正和另一个人通电话而让你等着。

紧急的事通常是明显易见的。它们给我们造成压力，逼迫我们马上采取行动。它们通常就在我们面前，往往是令人愉快的、容易完成的、有意思的。但是它们却经常是并不重要的。

我们要知道，重要与否同结果有关系。重要的事情是那些会对你的使命、价值观、优先的目标有帮助的事。

我们对紧急的事会很快作出反应。而实际上那些重要而不紧急的事要求人们具有更多的主动性和积极性。我们应该主动行动以抓住机会，促成事情的发生。如果我们不具有积极主动的习惯，如果我们不清楚什么重要，不清楚我们希望自己的生活产生什么结果，我们就很容易把紧急的事情当成重要的事情。

艾伯特·施韦策这样建议我们："先思考，再行动。"太多勤奋的人被卷入了很多的经济事务中，但他们根本就没仔细想过自己为什么会参与其中。结果，他们在没有成果的活动上耗费了自己大部分的精力。因此他们不断地感到自己压力过大和时间缺乏。

决定什么重要并确保自己集中精力做好这些事情的能力，是拥有平衡的生活方式的基本条件。"最重要的事情，"歌德说，"可千万别被那些最不重要的事情随意摆布，永远不要。"很显然，我们在生活中所做的大部分事情对于我们实现快乐和满足都没什么价值。

倘若你非常容易就把自己 80% 的时间花在一些不重要的事情上，那么你就一定要重新评估一下自己想要在这些事情上花多少时间。为了能让你的时间利用率得到最大优化，你一定要抛开 80% 的那些只能给你带来 20% 成果的活动。你也许不能抛开全部的这些活动，但你能抛开其中的很多活动。如果你能至少消除自己一半的低价值活动，那么你就会有充裕的时间来享受生活中的休闲娱乐。

80/20 法则支持这样一种观点：为了能在生活中得到更多的成功，你要试着比社会中的普通人少工作一些，但要多思考一些。毫无疑问，80/20 法则能让你用少许多的精力去实现多许多的成功。你能少做一些工作，多赚一些钱，而且能让你前所未有地享受自己的个人生活。作为一种奖励，日复一日地遵循 80/20 法则能让你长久地富有。

一个勤奋的人也许要问：如果 80/20 法则如此有效，为什么那么多人却不去使用它呢？答案很简单，它需要具有创造性的思维，而且它还需要你成为与众不同和非传统的人。这两个要求使得绝大多数人都无法运用它。

把时间用在投资回报高的事务上

勤奋的人常常是最忙碌的人，他们总是抱怨时间不够用。好像他们是最懂得珍惜时间的人。有太多勤奋的人花在工作上的时间最长，成效却不明显，而长此以往，反而对自己的健康以及生活中其他方面造成了损害。

对待时间，我们首先应该明白的是，人的时间是非常有限的，你必须争取把它花在最有用的事情上，也就是花在刀刃上。实际上，时间就是金钱。一个不珍惜时间，随意挥霍时间的人早晚会吞下懊悔的苦果。我们应该善于利用零散时间。生活中往往出现很多零散时间，要充分利用大大小小的零散时间，去做零碎的事，从而最大限度地提高工作效率。

有很多公司在召开会议上浪费了不少的时间。会议是为了沟通信息、讨论问题、安排工作、协调意见、做出决定。会议时间运用得好，可以提高工作效率，节约大家的时间；运用得不好，反而会降低工作效率，浪费大家的时间。

我们还要提防时间的窃贼。比如有很多人在寻找失物上浪费了不少时间。在美国，一家钟点工服务公司曾对许多大公司职员做过调查。他们发现公司职员每年都要把 6 周时间浪费在寻找乱放的东西上面。这意味着，他们每年要损失 10%的时间！相信很多人都有相同的体会吧。如果你也像许多人一样，老是要寻找乱放的东西的话，解决办法是养成有条理的习惯。

其次我们要懂得如何处理时间。最具效率和最成功的人会把时间投资在重要的活动上，并在进行这些活动的过程中恰如其分地掌握好"度"。他们效率高超，与众不同地运用自己的时间。对于懒惰的成功者，或任何一个顶尖高手来说，把注意力集中在一些无关紧要的活动上是不会带来成功的。

你可以明智或愚蠢地运用时间。处理不好时间的问题，你可能会在工作和个人生活之间造成冲突。在工作中处理好时间问题最重要的一点是，集中精力处理那些真正能为你赚钱的项目。

同日常生活一样，公司生活中存在的一种倾向就是把问题复杂化。人们忙于处理大量的不仅耗时间而且完全毫无用处的活动。奇怪的是，如果工作狂们为了一些没有成果的项目而长时间地辛苦加班，他们就会自我感觉很重要。他们自我安慰说："我很勤奋，很努力，所以我心安理得。"

如果你信奉"所有值得做的事情都要做好"，那你的结局就是把过多的时间、精力以及金钱都投资在了一些不会给你带来真正回报的事情上。

再出色地完成那些错误的事情也不会给你的生活带来什么成功。比方说，如果你业务的关键环节是给客户打电话，那么你就应该把自己大部分的精力都集中在这件事情上。一个显而易见的道理是：花6个小时擦桌子和花5分钟打电话，要比用1个小时打电话和用5分钟擦桌子的效率的1/10还要少。这两种情况相比，在效率比较低的情况下，你的工作时间是6小时零5分钟，反之在效率高很多的情况下，你的工作时间却仅仅是1小时零5分钟。勤奋的人，你选择哪一种呢？

根据有关专家的研究和许多领导者的实践经验，驾驭时间、提高效率的方法主要有以下几个方面。

千万不要平均分配时间。要把自己有限的时间集中在处理最重要的事情上，切忌不可每样都抓，要机智、果断地拒绝不必要的事、次要的事。一个事情来了，首先要问自己："这件事情是否值得做？"不能遇到事情就做，更不能因为反正做了事，没有偷懒，就心安理得。这正是许多勤奋的人常犯的毛病。

规划时间的一个重要之点是要把握一日中精力充沛的时间，用他去做最重要的事。

如果你是一位经常坐办公室的人，那你办事的功效就会比体力劳动者具有更大的波动性。而你一天的大部分工作可能都是在某一段时间做好，这一段时间可称为精力充沛的时间。

对大多数人来说，每天的头两个小时是精力充沛的时间。但是很多人并不知道这一点，而把这几个小时花在例行事务上：阅读早晨来的信件、刊物、报纸，打几个例行的电话等等。这真是一种浪费。我们应当把一天最好的时间用在最优先的重要事情上。因为这些事情需要以最好的精力、敏锐的思维，以及最大的创造精神去做。

因此，你要把一天中最优先的一两项工作安排在你精力最充沛的时候去做，然后再做次要的工作。

优先安排做重要事情的时间，你就会工作重点突出，主次分明，做起事来有条不紊。这样的效果当然是显著的。时间的管理像任何管理工作一样重要。

以商界精英鲍伯·费佛为例，他在每个工作日里的第一件事，就是把当天要做的事分为三类：第一类是所有能够带来新生意，增加营业额的工作；第二类是使现有状态能够持续下去的一切工作；第三类则包括所有必须去做，但对企业和利润没有任何价值的工作。

在完成第一类工作之前，鲍伯·费佛绝不会开始第二类工作，而且在全部完成第二类工作之前，也绝不会着手进行第三类的工作。"我一定要在中午之前将第一类工作完全结束"鲍伯给自己规定，因为上午是他认为自己最清醒、最有建设性的时间。

"我必须坚持养成一种习惯，任何一件事都必须在规定的几分钟、一天或一个星期内完成。每件事都必须有一个期限。如果坚持这么做，你就会努力赶上期限，而不是无休止地拖下去。"鲍伯说这就是期限紧缩的真正价值。

鲍伯·费佛可以说是时间的主人，一个真正的时间管理者。他的工作无疑是高效的。

还有一个秘诀是懂得利用"大块"时间。

除了某些自由的职业可以大致上完全控制自己的时间，大部分人没有必要为如何运用一天的每一分钟拟定详细的计划。因为你一定会遇到一些外来干扰或事前无法预知的事项，它们必然会破坏你拟定的计划，结果你就会泄气，认为做计划也没用。

实际上，我们每天的工作仍然需要计划。管理专家告诉我们一个时间运用计划成功的秘诀是：把时间分成许多"大块"，并定好计划运用。

也就是说，用一段较长的时间去做一两件你必须在这一天做好的真正重要的事情，留下一定的没安排定的时间来接待访客、接听电话、以及做那些无法事先预知的突发事情和次要工作。

还要善于把握时机。时机是事物转折的关键时刻。抓住时机可以牵一发而动全局，以较小的代价取得较大的效果，促进事物的转化，推动事物向前发展，错过了时机，往往会使到手的成果付诸东流，造成"一着不慎，满盘皆输"的严重后果。所以，成功人士必须善于审时度势，捕捉时机，把握"关节"，恰到"火候"，赢得时机。

《有效的管理者》一书的作者杜拉克说："认识你的时间，是每个人只要肯做就能做到的，这是一个人走向成功的有效的自由之路。"勤奋的人一定要明白，花大量的时间去工作，并不一定能保证成功，如果对时间没有很合理的规划，对时间没有进行最充分的利用，工作多么努力都是无法产生效益的。成功的时间规划可能让你事半功倍。

时刻与时间拼搏

　　人的一生是有限的，多则百年，少则几十年。如果一个人一生能活到七十岁，那么，它的全部时间就是六十万个小时。如果把一生时间当作一个整体运用，那么就是到了三四十岁，会认为现在刚刚是起点，即使五六十岁，还有许多有效时间可以利用。但时间又显得是那样的容易逝去，如果你只是活一天算一天，到了三四十岁，就会感到人生的道路已走一半了。人过三十不学艺，结果是无所事事地混过晚年。许多本来可以好好利用的时间，白白地消磨过去。

　　我们中的很多人都是这样，随意把时间浪费掉，那么，虽然他在此时是自由的，但在即将接踵而来的社会竞争面前，却很可能不自由，就会丧失某些原本属于他的机遇。

　　一位著名的学者在他的一本关于有效管理时间的书中写到："关于管理者的任务的讨论，一般都从如何做计划说起。这样看来很合乎逻辑。可惜的是管理者的工作计划，很少真正发生作用。计划常只是纸上谈兵，常只是良好的意见而已，而很少转为成就。

　　根据我观察，有效的工作者不是从他们的任务开始，而是从掌握时间开始，他们并不以计划为起点；认清他们的时间用在什么地方才是起点。……"

　　人在时间中成长，在时间中前进。时间，唯有时间，才能使智力、想象力及知识转化为成果。人的才能得到充分的发挥，尽快踏上成功之路，若没有充分利用时间的能力，不能认识自己的时间，计划自己的时间，管理自己的时间，那只会失败。

　　时间，是成功者前进的阶梯。任何人想要成就一番事业，都不可能一蹴而就，必须踩时间的阶梯一级一级攀登。

　　时间是成功者胜利的筹码。成功要有个定向积累的过程，世界上从来没有不花费时间便唾手可得的成功，时间对于你工作的成功意义是巨大的。歌德曾后悔地说："在许多不属于我本行的事业上浪费了太多的时间，假如分清主次的话，我就很可能把最珍贵的金刚石拿到手。"我们再假定，如果歌德活到六七十岁即去世，那他的伟大巨著《浮士德》肯定完成不了。

在当今的社会工作当中，时间被看得越来越重要，能否有效地运用时间，提高时间管理的艺术，成为决定成就大小的关键因素。由于现代资讯的增加，知识陈旧周期缩短，使人才越来越带有不固定性。有效地对时间进行利用成为需要。

时间是一种重要的资源，却无法开拓、积存或是取代，每个人一天的时间都是相同的，但是每个人却有不同的心态与结果，主要是人们对时间的态度颇为主观，不同的人，对时间都会抱持着不同的看法，于是在时间的运用上就千变万化了。

对时间管理应有怎样的认识，如何与时间拼搏？对任何一个人而言，都具有积极的意义。

时间管理，就是如何面对时间的流动而进行自我的管理，其所持的态度是将过去作为现在改善的参考，把未来作为现在努力的方向，而好好地把握现在，立刻去运用正确的方法做正确的事。要与时间拼搏，就要明白下面一些理念：时间管理的远近分配。为了能掌握时间，每一个人可根据自己的目标安排十年的长期计划，三年或五年的中期计划甚至季或月的执行计划，计划亦可根据不同的职务层次，安排十年的经营目标或三至五年的策略目标。

时间管理的优先顺序：为了使有限的时间产生效益，每一个人都应将其设定的目标根据对于自身意义的大小编排出行事的优先顺序，其顺序为第一优先是重要且紧急的事，第二优先是重要但较不紧急的事，第三优先是较不重要但却紧急的事，第四优先才是较重要且并不紧急的例行工作。

时间管理的限制突破：任何的目标达成都会因人、物、财三种资源的限制，而如何客观地找出这些限制因素，并寻求不同的突破方法，可使得目标的达成度增高，亦表示预期目标的实际性，以避免理想成为空想，时间白白虚度。

时间管理的计划效率：没有计划，行动的效率就会大打折扣，而计划后也才能看出实际行动中可能产生的风险，以提醒自己注意，使理想与现实能够结合。

时间管理的结果、评估：任何的行动，都必须对其结果进行评估，以清楚地了解目标计划的超前与落后，各种未曾预测到的限制发生与可能的风险因素，以重新调整或改进，使整个时间的流动皆踏踏实实。

我们要与时间拼搏，就是要有效地管理我们的时间。让有限的时间对于我们的工作具有更大的意义。

将时间掌握在自己手中

优秀的人为什么会有十分高的工作效率，时间管理是非常重要的关键因素，如果我们想要快速晋升，想获得更多人的好评就必须让我们的时间管理做得更好，要把时间管理好，最重要的就是做好以结果为导向的目标管理。

首先，你现在对于时间的心理概念是怎样的，你要有把事情做好、时间管理好的强烈欲望；并决定达成做好时间管理的目标；时间管理是一种技巧，观念与行为有一段差距，必须经常地去演练，才能养成良好的习惯；不断坚持直到运用自如。

只有时间管理好，才能够达到自我理想，建立自我形象，进一步提升自我价值。每个人若能每天节省 2 小时，一周就至少能节省 10 小时，一年节省 500 小时，则生产力就能提高 25% 以上。每一个人皆拥有一天 24 小时，而成功的人单位时间的生产力则明显地较一般人高。

你要明确，要成就一件事情，一定要以目标为导向，才会把事情做好，把握现在，专注在今天，每一分每一秒都要好好把握。想要作一个工作高手，有两个关键，第一就是工作表现，要有能力去完成工作，而非只强调其努力与否而已；第二是重视结果，凡事一定要以结果为导向，做出成果来。时间管理好，能让人更满足、更快乐、赚取更多的财富、自我价值亦更高。

现在来看一下你的时间是如何使用的。

记录自己的时间，目的在于知道自己的时间是如何耗用的。为此，要记录时间的耗用情况；要掌握用精力最好的时间干最重要的事。精力最好的时间，是因人而异的。每个人都应该掌握自己的生活规律，把自己精力最充沛的时间集中起来，专心去处理最费精力、最重要的工作，否则，常常把最有效的时间切割成无用的或者低效率的零碎时间。试着找到无效的时间，首先应该确定哪些事根本不必做，哪些事做了也是白费工夫。凡发现这类事情，应立即停止这项工作；或者

只为成就更好的自己，我们努力不为别人，

明确应该由别人干的工作，包括不必由你干，或别人干比你更合适的，则交给别人去干。其次还要检查自己是否有浪费别人时间的行为，如有，也应立即停止。消除浪费的时间，因为时间毕竟是个常数，人的精力总是有限的。

分析一下自己的时间都用到哪里去了，是时间管理的第一步。介绍一个例子，惠普公司总裁柏拉特（Lewis Platt）把自己的时间划分得很好。他花20%的时间和客户沟通，35%的时间在会议，10%的时间在电话上，5%的时间看公文。剩下来的时间，他花在一些和公司无直接关系，但间接对公司有利的活动上，例如业界共同开发技术的专案、总统召集的关于贸易协商的咨询委员会。当然，每天也留一些空当时间来处理发生的情况，例如接受新闻界的访问等。这是他与他的时间管理顾问仔细研究讨论后得出的最佳安排。

对照一下你是否有时间管理不良的征兆？看看你是否有以下这些问题：（1）你是否同时进行着许多个工作方案，但似乎无法全部完成？（2）你是否因顾虑其他的事而无法集中心力来做目前该做的事？（3）如果工作被中断你会特别震怒？（4）你是否每夜回家的时候累得精疲力竭却又觉得好像没做完什么事？（5）你是否觉得老是没有什么时间做运动或休闲，甚至只是随便玩玩也没空？

对这些问题，只要有两个回答有"是"的话，那你的时间管理就出了问题。

有效的个人时间管理必须对生活的目的加以确立。先去"面对"并"发现"自己生活的目标在何处，问问自己："为什么而忙？""到底想要实现什么？完成什么？"问自己这些问题也不是挺舒服的事，但对自己的生活颇有启发作用。接下来应要求自己"凡事务必求其完成"，未完成的工作，第二天又回到你的桌上，要你去修改、增订，因此工作就得再做一次。

你是否了解下面一些时间管理的原则呢？

第一，设定工作及生活目标，排好优先次序并照此执行。

第二，每天把要做的事列出一张清单。

第三，停下来想一下现在做什么事最能有效地利用时间，然后立即去做。

第四，不做无意义的事。

第五，做事力求完成。

第六，立即行动，不可等待、拖延。

有效的时间专案管理

当在工作上和时间上愈来愈有绩效时，你可能会被指派更多的工作，有效的专案管理（组织和执行能力）将是成功的关键，其内容包括下列几个方面。

多重的工作计划：若您越能做多重的工作计划，即代表您的能力越强；

规划和组织：事先一定要有很好的规划及组织；

任何事情一定要设定一个期限来完成它；

列出完整的工作清单；

判定限制的步骤：看看哪些事情会影响结果，想办法解决；

多重工作计划的管理可依循序法或并行法进行；

指派和授权：事情实在太多，不可能自己一个人完全承担，有些事情一定要指派给别人；

当事情指派给别人时，一定要记得做检核的动作，检视对方是否依照自己的理想去做；

凡是可能出错的都会出错；

每次出错的时候，总是在最不可能出错的地方；

不论您估算多少时间，计划的完成都会超出期限；

不论您估算多少的开销，计划花费都会超出预算；

您做任何事情之前，都必须先做一些准备的工作。

"崔西定律"是指：任何工作的困难度与其执行步骤的数目平方成正比。例如完成一件工作有 3 个执行步骤，则此工作的困难度为 9，而完成另一工作有 5 个执行步骤，则此工作的困难度是 25，所以必须简化工作流程；简化工作是所有成功主管的共同特质，工作愈简化，愈不会出问题。

尽量不要浪费时间：一般人在接电话后习惯聊天一阵子，这样很浪费时间；

不重要的会尽量不要召开，开会一定要准时开始及结束，要好好地计划，才不会浪费时间；临时有人敲门拜访，一闲聊就花掉数十分钟，所以尽量花费数分钟即结束。

应克服下列行为或习惯：拖延；犹豫不决；过度承诺；组织能力不佳；缺乏目标；缺乏优先等级；缺乏完成期限；授权能力不佳；权力或责任界定不清；缺乏所需资源。

学会把工作重点拟出来，然后作出抉择。通常自己就是时间杀手，要设法控制自己。

克服拖延的习惯，要有良好的组织；由重要的事情开始着手工作；培养紧急的意识；以快节奏工作；一旦开始，就不要停止；订出一段特定的时间工作；从最糟的事情开始；详细的计划；不可找借口；设定截止期限。

明白时间对自己的意义，培养个人的时间管理哲学；要有远大的眼光；要有延后满足的能力；培养个人的特质，在行动中自我操练；学习微视，以每分钟来衡量时间；学习如何说"不"；要视时间等于金钱；要以每小时的工资为基础，来衡量每一件被您期待去做的事。

完成较高价值的工作；时间管理是一生的技巧；平衡与适度：放轻松、要休假和运动；确定您的目标与价值一致；下定决心活到 100 岁。把一天变成 48 小时。

第七章

如果你不思考和学习，你便不会有未来

人生最终的价值在于思考和学习的能力，而不只在于生存。正是思考和学习让我们在茫茫人海中脱颖而出，成为有价值的人。

怎样思考就有怎样的人

古今中外，伟人们洞悉了这样一个道理："人生好与坏，正如该人用脑一样。你怎样用脑，你的人生就会变得怎样。"

凯撒大帝曾讲过，"一个人的一生，会像那个人所期待的一样"。

美国富豪福勒的事例就充分说明了这一点。福勒是美国的一个黑人佃农家里7个孩子中的一个。他在5岁时开始劳动。在9岁以前，以赶骡子为生。但他的母亲是一位敢于想象的女人，不肯接受这种仅够糊口的生活。她时常同福勒谈论她的梦想："我们不应该贫穷。我不愿意听到你说：我们的贫穷是上帝的意愿。我们的贫穷不是由于上帝的缘故，而是因为你的父亲从来就没有产生过致富的愿望。我们家庭中的任何人都没有产生过出人头地的想法。"

没有人会想到致富的憧憬。这个观念在福勒的心灵深处刻下了深深的烙印，以至于改变了他整个的一生。他开始想走上致富之路，致富的愿望就像火花一样萌发出来，并且，他相信自己能够致富。如今，他不仅拥有一个肥皂公司而且在其他7个公司，包括4个化妆品公司、1个袜类贸易公司、1个标签公司和1个报馆，都实现了他强大的商业梦想。

福勒想致富，经过努力，最终成了富翁。这说明，你怎样想象，你就有怎样的人生。中国也有"往好里想，就会有好结果；往坏里想，就会有坏结果"之说。美国的传教士兼作家马菲博士在其著作中强调说，"想象一些好事，好事便发生了；想象某些坏事，坏事便发生了"。

作为一个世界闻名的汽车大王，福特也深有感触地说到："认为自己能行是正确的，认为自己不行也是正确的。因为，不论是前者还是后者，结果会按你认为的那样出现。"

只要去想就能想到

我们先做这样的小游戏。

这是一个开发创造性思维的小游戏，这个游戏的规则就是以"曲别针"为对象打开想象的闸门，绞尽脑汁地去想象曲别针到底有多少种用途。每人至少要想象出 50 种以上。做完这个游戏后，你会感到很有趣味，但同时也很感疲劳，这就是你创维性思维潜能得到开发的结果。

我们不妨试试看，到底能猜出多少种用途？

在一次有许多中外学者参加的旨在开发创造力的研讨会上，日本一位创造力研究专家应邀出席了这次活动。

在这些创造思维能力很强的学者同仁面前，风度潇洒的村上幸雄先生捧来一把曲别针（回形针）："请诸位朋友，动一动脑筋，打破框框，看谁说出这些曲别针的用途，看谁创造性思维开发得好，多而奇特！"

不久，来自河南、四川、贵州的一些代表踊跃回答着，"曲别针可以别相片；可以用来夹稿件、讲义。""纽扣掉了，可以用曲别针临时钩起……"七嘴八舌，大约说了二十几分钟，其中较奇特的是把曲别针磨成鱼钩去钓鱼，大家一阵大笑。

村上对大家在不长时间讲出几十种曲别针的用途很称道。人们问："村上您能讲多少种？"

村上莞尔一笑，伸出 3 个指头。

"30 种？"

村上摇头。

"300 种？"

村上点头。人们惊异。不由地佩服这个聪慧敏捷的思维。众人都拭目以待。

村上紧了紧领带，扫视了一眼台下那些透着不信任的眼神，用幻灯片映出了曲别针的用途……

这时中国的一位以"思维魔王"著称的怪才许国泰先生向台上递了一张纸条，人们对此十分惊奇。

"对于曲别针用途，我能说出3000种，3万种！"

邻座对他侧目："吹牛不罚款，真狂！"

第二天上午11点，他"揭榜应战"，轻松地走上讲台，走上了讲台，他拿着一支粉笔，在黑板上写了一行字：村上幸雄曲别针用途求解。

原先不以为意的听众被吸引过来了。

"昨天，大家和村上讲的用途可用4个字概括，这就是钩、挂、别、联。要启发思路，使思维突破这4种格局，最好的办法是借助于简单的形式思维工具——信息标与信息反应场。"

他把曲别针的总体信息分解成重量、体积、长度、截面、弹性、直线、银白色等10多个要素。再把这些要素，用根标线连接起来，形成无数条信息连线。然后，再把与曲别针有关的人类实践活动要素进行综合分析，连成信息标，最后形成信息反应场。

这时，借助于现代思维之光，超常思维射入了这枚平常的曲别针，马上变成了孙悟空手中的金箍棒，神奇变幻而富于哲理。

他从容地将信息反应场的坐标，不停地组切交合。

通过两轴推出一系列曲别针在教学中的用途，把曲别针分别做成阿拉伯数字。再做成+-×÷的符号，用来进行四则运算，运算出数量，就有一千万、一万万……

曲别针可做成英、俄、希腊等外文字，用来进行拼写读取。

曲别针可以与盐酸反应生成氢气，可以用曲别针做指南针，串起不导电。

曲别针是铁元素构成，铁与铜化合是青铜，铁与不同比例几十种金属元素分别化合，生成的化合物则是成千上万种……实际上，曲别针的用途，几乎近于无穷！

他在台上讲着，台下一片寂静。与会的人们被思维"魔球"深深地吸引着。

驰名中外的科学家温元凯高兴地说："高明，简直是点金术。"

此时，再也没有人说曲别针有3000种、3万种用途是吹牛，而是对这种新的开发思路感到了新奇，普遍陷入打破了原有的思维格局的沉思……

这种思维特点，它含有严肃的美学思考内容和经济学内容，特别是对于创造者可提供一种全新的思考方式。

这里有3个行动指南可以用来获得和增强你的信念力量。

（1）思考成功，不要思考失败。在工作中，在家里，用成功思维取代失败思维。当你面对困难的状况时，想的是"我将会成功"，而不是"我可能输掉"；当你同其他人竞争的时候，想的是"我就是最棒的"，而不是"我可能出局"；当机会出现在你眼前时，想的是"我能够做"，而绝对不要说"我不能"。让伟人们的思想"我会成功"主宰你的思考过程。

思考成功塑造你的心灵，创造出引导成功的规划。思考失败则产生完全相反的结果，它将侵蚀你的心灵，导致你最终失败。

（2）不断地提醒你自己，你比你想象的要好得多。成功的人并不是超人。成功并不意味着要有超人的智力。成功也不是什么神秘的东西。成功并不是基于运气的好坏。成功人士也只是一些对自己和自己所做的事情怀有坚定信念的普通人。绝对不要——是的，绝对不要——低估你自己。

（3）勇于相信。你成功的大小取决于你的信念的大小。思考渺小的目标，就会期望渺小的成就。思考大的目标，就会赢得大的成功。请记住这一点！大的想法和大的规划通常比小的想法和小的规划更加容易——肯定不会更加困难。

用创造性思考击败非理性观念

首先，让我们清除掉一些有关创造性思考含义的共同性谬误。因为某些不合逻辑的原因，科学、工程、艺术和包作被标记为唯一的真正的创造性追求。大多数人仅将某些东西，如电的发明或小儿麻痹症疫苗的发现，文学创作或发明彩色电视机等，与创造性思考联系在一起。

毫无疑问，这些成就理所当然是创造性思考的见证。在征服太空的过程中每往前走一步都是创造性思考的结果。这样的事例举不胜举。然而，创造性思考并不只局限于这些行业，也不是仅局限于某些超级聪明的人。

那么，到底什么是创造性思考呢？

一个低收入家庭制订计划要送他们的儿子去上第一流的大学，这就是创造性思考。

一个家庭将街道上一块脏乱不堪的小区变成漂亮的景点，这就是创造性思考。

一个牧师拟定计划，使星期天晚上的听众一下子增加了两倍，这就是创造性思考。

想方设法简化会计记账，向不可能的客户销售产品，有创意地让小孩在家有事可做，让员工真正热爱他的工作，或者预防"某些争吵"——所有这些都是实实在在的、每天的创造性思考的例子。

创造性思维就是找出新的、可改善的方法去做事情。各种各样的成功——在家庭中成功、在工作上成功、在社区中成功——都是基于是否找出新的方法将事情做得更好而实现的。

做任何事情，我们首先必须相信它可以做。相信某件事情可以做让人的心激动起来，以便找到如何去做的方法。

在讲课时，为了说明创造性思考这一观点，我经常使用这样一个例子。我问全班同学："你们中多少人认为在未来 30 年之内有可能取消监狱？"

不可避免的，所有的人看起来都困惑不解，不是很肯定他们是否听得正确，以为他们正在听一个故弄玄虚的问题。因此，在停顿了一会儿之后，我又问道："你们中多少人认为在未来 30 年之内有可能取消监狱？"

一旦确认我不是在开玩笑，就有人向我扔出一大堆就诸如此类的问题："你的意思是说你要将那些杀人犯、小偷、强奸犯都放虎归山？你难道没有意识到这意味着什么吗？这样做我们没有一个人将会有安全感。我们必须要有监狱。"

然后，其他人也开始议论纷纷。

"如果我们没有监狱，所有现存的秩序都会被打破。"

"有些人天生就是罪犯。"

"如果行的话，我们需要更多的监狱。"

"你看了今天早上有关谋杀案的报道吗？"

班组的讨论仍在继续，告诉我各种各样的我们需要监狱的好理由。一个家伙甚至说我们必须要有监狱，这样警察和狱卒才会有工作。

"你们每个人都已经讲了一大堆为什么我们不能取消监狱的理由。你们能帮我一个忙吗？你们可以再努力想几分钟，相信我们能够取消监狱吗？"

虽加入到试验的行列，小组成员还是说："好吧，但只是玩玩而已。"然后，我问道："现在假设我们能够取消监狱，我们应该如何开始呢？"

开始时，发言来得慢吞吞。有人犹豫不决地说："是的，如果我们多建一些青年活动中心，或许可以降低犯罪率。"

不久之后，这些 10 分钟之前还坚决反对取消监狱的人开始激发出真正的热情。

"努力消除贫穷。大部分犯罪都是来自于低收入阶层。"

"进行相关研究，在潜在犯罪分子真正犯罪之前就发现他们。"

"从医学上寻求办法，对某些罪犯进行治疗。"

"教育执法人员，以积极的方式进行改造。"

这些发言只是我收集的 78 条特别建议的一小部分而已，这些建议可以用于帮助达成取消监狱的目标。

当你相信的时候，你的心灵就会找出方法。

这个实验只是表明一个观点：当你相信某事是不可能的时候，你的心灵就为你效劳证明为什么不能；但是，当你相信，真正相信，某事可以做的时候，你的心灵也为你效劳，并帮助你找到方法去做。

相信某件事情可以做到，为创造性解决问题铺平道路。相信某件事情无法做到是一种破坏性的思维。这一观点适用于无论大小的所有状况。一个不是从心里真正相信可以永久建立世界和平的政治领袖无法完成其使命，因为他的心已经失去活力，无法以创造性的思维缔造和平。相信经济衰退是不可避免的经济学家，将无法以创造性思维去发现打破经济循环的方法。

同样地，如果你相信你能够，你就能够找出方法去喜爱一个人。

如果你相信你能够，你就能够找出解决个人问题的方法。

如果你相信你能够，你就能够找出办法去购买一栋宽敞的新房。

相信会释放出创造的力量。怀疑就好像在踩刹车。

相信，你就会开始思考——有建设性的思考。

像重要人物一样思考

许多伟大人物的思考过程始终会把自己放在重要的地位，像高斯一样。

200年前的一天，一位数学教师走进课堂，也许是想清静一个小时，他给四年级的学生们布置了一道题：从1加到100。5分钟后，一个学生走到他跟前，交上了正确答案，这时他是多么吃惊呀！这怎么可能呢？这个孩子一定是个天才。让我们也来做一下。拿出一张纸来，在5分钟内把1到100的所有数字加起来。

5分钟后，你得出了什么结果呢？得出的结果与每个人的数学技巧有关，但极少有人得出正确答案。答案是5050。顺便提一下，那个学生的名字叫卡尔·高斯。

不错，正是这个高斯后来成了著名的数学家和物理学家。就是这个高斯用他那天才的手几乎触及到了物理学的所有分支。你一定听说过退磁，也就是使船、磁带，甚至是电视接收机等去磁。而且，磁场的磁感应强度或磁通密单位也是以他的名字命名为高斯。

现在回到这个难题上去。你是怎么做的？怎么开始的？你可能是把数字一个一个加起来：

1+2+3+4+5+6+7……

或者用另一种方法，从100开始：100+99+98+97……

这就是我所说的序列思维（一个接一个地顺序进行）。我们看见了这些数字，从一看见就开始演算，或是按照老师说的去做。这通常会出现一个很长的演算过程或是大量的错误。体现这种习惯做法的另一道题是 2+2×2。答案是多少？

我听到的最多的是8。正确答案是6，因为运算规则上先乘后加。换句话说，

2+2×2 应该先算 2×2，然后再算 2+4＝6。这个错误很小，但它表明尽管我们学过并使用这些运算规则，人的大脑习惯上选择障碍最少的路径——序列思维。而天才的大脑动作方式却截然不同。它不是按顺序先算 2+2，而是把这道题看成一个整体，从乘法开始（根据运算规则）。

所以，当要求把数字从 1 加到 100 时，小高斯综观全局……

1 2 3 4……97 98 99 100……发现 1+100＝101，2+99＝101，3+98＝101，等等。他下一步的举动就是判断从 1 到 100 的序列中有多少这样的对子。答案很简单：50＝（100÷2）。于是，从 1 到 100 之间的所有数字的总和是 101×50＝5050。这就是为什么高斯能在 5 分钟内算出这道题。天才的 5 分钟就等于习惯上的序列计算的一小时或更多。不仅如此，高斯还创造出了利用乘法而不是加法计算总和的方法。这一方法快多了！这类计算用代数式表示为：

X＝（n＝1）（n：2）＝［SX（）（n+1）n［］2［SX］］（n 等于序列的最后一位数字）我们的天才思考法拥有同样的效应。我们不是靠序列获得的。与此相反，我们靠的是跳跃性思维。得出的结果除以时间，就可以看到增长的速度是原来的百万倍。同高斯一样，只要综观全局，就会明白天才思考的真谛。我们现在的矩阵是二维的，如果换成三维，能力激增，更别提四维、五维、六维及更多。谁知道天才思考时是几维呢？

升级你的思考，升级你的行动，这样你就会走向成功之路。这里有一个简便的方法可以帮助你像重要人物一样思考，从而更加发挥你的潜力。

在你的心中牢记这个问题——"一个重要的人也是以这种方式做吗？"经常问这个问题会使你变成一个更伟大、更成功的人。

总而言之，记住：

（1）看起来重要，它帮助你认为自己重要。你的外表会与你说话。确保你的外表提升你的精神状态，增强你的信心。你的外表也会与他人说话。确保它说，"这里是一个重要的人物：他聪明、有气派、值得信赖"。

（2）想象你的工作至关重要。这样想，你就会收到心灵的启示，告诉你如何将工作做得更好。认为你的工作至关重要，你的下属也会认为他们的工作至关重要。

（3）每天给你自己几次充满活力的演讲。创建一个"自我推销"的广告。在每一个场合提醒自己是一个第一流的人才。

（4）在人生的任何状况下，扪心自问："一个重要的人也是这样思考吗？"然后，听从你的答案。

别一不顺就说"不"

　　人们总是赞美成功，但在这个过程中却有着千万个挫折，当你遇到这些挫折时，能像巴甫洛夫那样无畏吗？

　　事实上，人们总是感觉到低成效，其实主要原因在于"不"这个字。"不"或"没有"是有害的字眼。对你的战术、战略、思想和情绪都产生很大的危害。

　　提高创造力，就要学会避免"不"或"没有"。表达这一观念的法则是：为什么一不顺就说不？

　　它意味着当你听到你的思想或你自己在说"不"或"没有"，或者听到别人这么说时，你要问，"为什么不"这条法则的"不顺"部分看上去怪怪的，是我有意这样做的。我想强调你思维中的每个"不"都像不顺的结，束缚着你，限制着你，不许你向前，就像那道圆的、酸的、黄色的题。

　　现在，让我们练习一下。当我说到一个含有"不"或"没有"的句子时，你的任务就是说"为什么不"，大声说并把它写下来。

　　这是做不到的！

　　这是不可能的！

　　从没有人做过这种事！

　　我们这儿不这么做。

　　没有人试过，你不可能成功。

　　想都不要想！

　　没有可行的办法。

　　没有出路。

　　没人能做得了。

不现实。

不是你能做的事！

如果你说了"为什么不"这句话至少十遍，你会更快地辨别出话语中的"不"和"没有"，你就能更快地做出正确反应。当你听到你内心的声音在说"我不能"时，你会纠正说"为什么不"。

继续我们的练习之前，先提醒大家注意第二条法则的三个例外。

第二条法则在涉及下述内容时不适用：

- 社会法则或法律范畴
- 道德
- 伦理标准或行为准则

比如，法律告诫我们不准杀戮和偷盗。问"为什么不?"就是错误的做法。几乎在每一种场合下（除了明显的喜剧效果之外），法律是保护我们互不伤害也不伤害自己的。记住创造的目的是为了全人类的福祉和推动社会进步。法律赋予我们很大的自由，同时保护着我们。创造法律并维护法律也是创造力的一种体现，称为人道主义创造力。

另一个不适用的领域是道德体制。如果道德规定，"不可通奸"，问"为什么不"就是错误的。第三个例外是伦理标准（行为规范）。如果规定"不得靠左行驶"，你最好听从，因为一辆迎面来的卡车将证明你的错误。类似这种规定因国家和文化而异。在新加坡，则正好相反：

"不得靠右行驶。"

这些法律的存在是为了维持秩序和促进文明。没有它们，我们这儿还在为了一个洞穴，用石块互相砸对方呢。

现在开始列出五件你想做的"最愚蠢的事"。

1. _____
2. _____
3. _____
4. _____
5. _____

自我检查。

在前面的测试题中，当要求你写五个句子时，你同意写六个、七个、八个或更多的句子。在这个练习中，你是否还同意这么做呢？

我有意这样设计你的写作空间，留出了多余的地方。你是否遵循了永不放弃原则？你写满第六行了吗？第七行呢？你是否尽力去做得比要求的更多呢？我希望你是这么做的。我也希望你现在已明白天才不是神话。天才是那些超出要求和期望去做的人。如果你违反了第一法则，不要痛骂自己。像天才一样思维需要时间。不过，返回练习重做一遍，这一次，按照这一法则去做。和别人做着一样的事——普通的事，平常的传统的琐碎的事，而认为你会出类拔萃的想法是荒谬的。如果你知道了要去做比要求你做的更多的事，如果你在前面的所有练习中做了比五个更多的回答，那么你已向成为天才迈出了第一大步。祝贺你！

用积累打造强者思维

"厚积薄发，必然一鸣惊人"——是我们对很多成功者的赞语。其实，对于个人思想观念的修炼来说，又何尝不是如此呢？作为成功者，他（她）之所以走在社会、时代的前列，与他们思想观念的先进性是分不开的。在个人思想观念的准备阶段（当然这是必不可少的），我们学习和积累了足够的知识、经历和人生经验，当我们想要进一步前行时，我们会凭借已打好的坚实基础去做，这就是厚积与薄发的关系。你也不必抱怨自己现在还默默无闻，其实，你今天所走的每一步，都为你日后的一鸣惊人在作铺垫。现在正无怨无悔地做着的一切，等到成功的一天，或许就叫待到山花烂漫时吧，那时，它会彻底显示出其作用和威力。而"待到山花烂漫时"，正是个人在大刀阔斧进行思想观念修炼的时期。

在准备时期，我们所积累的智慧和经历，以至于思想情感都会在社会生活中以一定的方式表现出来，人也就在其中开始寻找自己的位置，在这个时期，人会形成以下的基本观念。

"才"指一个人内在的真实本领。文韬武略是文武全才，是实用的才；创造才能，是有潜力，有作为的才；学有专长的才，是可敬的才。才是骏马，才使人富于智慧，智慧则使人自由。

"德"即品德。德使人尊敬。德是在这个时期形成其轮廓的。

"勇"即勇敢。勇者不惧，它使人血气方刚让人在危险时刻尽显英雄本色。

"信"即诚实。诚则不欺，不欺则信。诚实是现代人所应具备的首要品格。

形成以上基本观念的同时，个人对其前途也基本有了一个大致的规划。不过呢，在这个时候，人也开始形成误区。

人生误区就是人生旅途中失误的地方。也即是说，在人生中由于主观方面的原因造成的某些方面的差错和失误，在现实生活中，不能用积极的态度对待人生，缺乏良好的健康的心理结构。人生误区并不可怕，也不奇怪，因为谁都可能在某些方面出现误区。但可怕的是不能认识到自己的误区。因此说无论从理论上讲还是从实践中看，只要注意不断增强心理上的免疫力，建立坚实的心理基础，就能有效地减少失误，少一些乃至避免误区。

当然，由于自己的知识与经历的丰富，人还会形成其他方面的一些错误和固执的想法。一句话，这个阶段的学习和积累使我们每个人真正变成社会上至关重要的人，这个阶段的每一个选择都会影响我们的人生。我们只有在此基础上，继续不懈地进行个人思想观念的修炼才有可能成为时代的成功者。

现实生活当中以种种手段自己结束生命的事件时有所闻，以种种庸俗方式消遣娱乐也屡屡发生，究其原因，是由于人们精神世界的空虚所致。所以现实要求我们的精神世界充实。人在世界上生活，不仅要追求物质的富裕，而且要追求精神生活的富裕，不仅要做物质的富翁，而且要做精神的富翁。精神富有，而物质贫困，并不是人生美好的理想，因为人总是在一定的物质条件下生活，画饼毕竟不能充饥。物质富裕而精神贫困，也不能算是真正的富裕。只有物质与精神都比较富裕的人，才是真正富有的人。

因为长期以来我们过于贫困，所以许多人很重视物质上的富裕，而对精神上的脱贫致富几乎不予重视。精神贫困问题随着现代化建设而变得日益严峻，它与人们的物质生活的提高形成了强烈的反差。某城市曾进行过一次科学文化知识的测试，结果发现，相当大量的居民知识很贫乏，而知识贫乏是精神贫困的一个重要表现。

精神贫困还表现在缺乏高尚的追求。精神贫困的人总是得过且过。他们懒得去学技术，学文化，他们的相当一部分时间在牌桌上度过，打扑克，搓麻将，成了他们生活的一个重要内容。他们孜孜以求的是高薪，奖金、回扣和实惠。

精神的贫困导致了道德水平和文明水平的低下。据说在美国纽约，一年中难得有人与人之间的争吵，而在我们的普通公汽上，常常能听到刺耳的吵架声；在候车室、在饭厅、在医院、在几乎一切有人的地方，都有人在插队。一辆公共汽车开来，人们争相拥挤，全然不顾车上的人要下车，全然不顾给老人和孩子让座。常常看到有些身强力壮的人，捷足先登后用一只手为自己还在车下的女友抢一个座位。在电影院，每场电影下来，总是可以扫出一大堆瓜子果壳和纸屑。在公共场合，虽然有告示不准吸烟，但还是可以看到有人心安理得地吞云吐雾。

精神的贫困对人的一生有极大的影响。它使人无所事事，无所作为；它使人追求低下的东西，满足于庸庸碌碌的生活，沉醉于浅薄和无知。精神贫困的人，即使条件具备，也只满足于暂时与微小的利益。

现实既然要求我们精神世界充实，那么怎样才能做到这一点呢？

首先，我们要有一个新颖的有意义的价值观。要认识到，精神世界的充实也是一种价值。如果只是物质上的富裕而精神上贫困，这样的人生是不完美的。

其次，要用知识与智慧武装自己的头脑。知识就是力量，它使人摆脱愚昧和落后。要重视文化消费，不断接受新的知识，新的思想。

最后，还要培养自己具有高尚的情操，广泛的兴趣，良好的修养，努力做一个品德高尚的人。

学习代表着野心和进取心

许多人以为，学习只是青少年时代的事情，只有学校才是学习的场所，自己已经是成年人，并且早已走向社会了，因而再没有必要进行学习，除非为了取得文凭。

这种看法乍一看，似乎很有道理，其实是不对的。在学校里自然要学习，难道走出校门就不必再学了吗？学校里学的那些东西，就已经够用了吗？

其实，学校里学的东西是十分有限的。工作中、生活中需要的相当多的知识和技能，课本上都没有，老师也没有教给我们，这些东西完全要靠我们在实践中边学边摸索。

可以说，如果我们不继续学习，我们就无法取得生活和工作需要的知识，无法使自己适应急速变化的时代，我们不仅不能搞好本职工作，反而有被时代淘汰的危险。

有些人走出学校投身社会后，往往不再重视学习，似乎头脑里面装下的东西已经够多了，再学会涨破脑袋。

殊不知，学校里学到的只是一些基础知识，数量·电十分有限，离实际需要还差得很远。

特别是在科学技术飞速发展的今天，我们只有以更大的热情，如饥似渴地学习、学习、再学习，才能使自己丰富和深刻起来，才能不断地提高自己的整体素质，以便更好地投身到工作和事业中。

据美国国家研究委员会调查，半数的劳工技能在 1~5 年内就会变得一无所用，而以前这段技能的淘汰期是 7~14 年。特别是在工程界，毕业 10 年后所学还能派上用场的不足 1/4。

因此，学习已变成随时随地的必要的选择。

美国人认为：年轻时，究竟懂得多少并不重要，懂得学习，就会获得足够的知识。

学习不光是学问家的事情。无论从事哪一种事业，都需要不断地学习。只有学习才能扩大视野，获取知识，得到智慧，把工作做得更好。

大凡杰出的人，都是终身孜孜不倦追求知识的人。在漫长的人生经历中，即使再忙再苦再累，他们也不放弃对知识的追求，学习既是他们获取知识的途径，又是他们在逆境中的精神支柱。在他们看来，知识是没有止境的，学习也应该是没有止境的，学习使他们的思想、心理和精神永远年轻，也使他们的事业日新月异。

纽约市戴尔·卡耐基学院的一位学员名叫埃德·格林，他是一位十分杰出的推销员。他的年收入能超过7.5万美元，相当于在今天经济条件下的12万美元。格林讲过这样一个小故事：有一次我的爸爸带我参观了我们家的菜园。爸爸可以说是当时那个地区最好的园丁，他在园子里辛勤耕作，热爱它，并且以自己的成果为荣。当我参观完之后，爸爸问我从中学到了什么？

而我当时只能看出来爸爸显然在这个园子里很下了番工夫。对这个回答爸爸有些沉不住气了，他对我说："儿子，我希望你能够观察到当这些蔬菜还绿着时，它们还在生长；而一旦它们成熟了，就会开始腐烂。"

埃德·格林说："我一直没有忘记这件事，我来上这门课是因为我认为自己能从中学到些什么。坦白地说，我确实从其中一节课中学会了一些东西，那使我完成了一笔生意并得到了上万美元，而我曾花了两年多的时间试图做成它。我所得到的这笔钱能够付清我这一生接受促销培训的所有花费。"

在人生的这场游戏中，你应当保持生活的热情和学习的热情，不断地吸取能够使自己继续成长的东西来充实你的头脑。彼得·扎克这样阐述这个观点："知识需要提高和挑战才能不断增长，否则它将会消亡。"

现实生活中有许多人一旦离开学校，就不再继续学习了。前几年，中央电视台做了一次调查。结果发现许多人家里根本没有买过什么新书，书架上放的几乎全是在校学习期间的课本。这反映了一个事实：上班后人们不再读书，不在工作之外求知，往往把时间浪费在闲聊与看电视上。电视节目固然也具有一定的教育作用，但并不是所有电视节目都如此。我们更应该学一些工作之外的新东西，以增强自己的综合能力，不断提高自己适应这个社会的能力，这样才能在飞速发展的 21 世纪中立于不败之地。

只有学习狂才能更好地生存

英特尔公司总裁安德鲁·格罗夫先生的人生格言是：只有偏执狂才能生存。

然而，对于白领沈小姐来说，她更相信：只有学习狂才能生存。虽然沈小姐已经拥有硕士文凭，但她仍然怀有一种危机感。她经常提醒自己："在知识经济时代，一切都以格罗夫所说的'10 倍速'高速发展，一年不学习，你所拥有的知识就会折旧 80%。所以，我必须'天天学习，天天向上'。"

前不久，沈小姐相继参加了秘书资格考试和 BBC（剑桥商务英语）考试。此外，她还在一所驾驶学校考到一张驾照。沈小姐说："现在已进入一个'新论资排辈'时代，每一张考来的资格证都代表你的一种工作能力，资格证是求职、加薪和升迁的阶梯。"

那是在 1998 年，当人们抢购王菲个人演唱会门票的时候，沈小姐却花 300块钱买了一套"新世纪广告专题报告会"的门票，聆听了 6 位港台资深广告人的个人演讲会。聆听成功人士的个人演讲会，可以说是沈小姐的一个业余爱好，她曾先后聆听了香港推销大王冯两努的"企业领袖才能"、著名职业经理人吴士宏的"与成功有约"。沈小姐还打算报考上海中欧国际工商 MBA，18 个月的 MBA学习需要付出一笔不菲的学费，她倒是在所不惜，她轻松地说："其实，学习也是一种投资。"

据报载，天津有一位农村妇女，只会说"Yes"、"No"、"Hello"等几句日常用英语单词，有关金融、电脑方面的知识一窍不通，但却获得了去加拿大的绿卡。在移民局，这位妇女申报的理由是有"技术专长"。当她用一块泥土捏出漂亮的唐三彩时，加拿大移民局官员惊讶得半天合不拢嘴，在一片赞叹声中，天津妇女顺利地拿到了绿卡。

和这位妇女经历相似的还有江西的一位小伙子，他长相一般，才能平平，曾

我们努力不为别人，只为成就更好的自己

在一家企业做过合同工，收入很低。后来他下海到内蒙古卖羊毛，短短几年间即身价过百万元。

捏泥人和卖羊毛，是两件再普通不过的事情，然而，天津的妇女到了加拿大，江西的小伙子到了内蒙古，只是换了一个地方，他们手中的小玩意儿就变成了金子。有时候就是这样，一个人可以没有比别人太多的生存优势，只是换个地方，他手中的小玩意儿就变成了金子。

上述故事中的两位主人公，他们生存的优势还是脱离不了学习。

毛主席曾说："情况是在不断地变化，要使自己的思想适应新的情况，就得学习。"只有不断学习，才能不断地适应外部环境的变化。一旦学习停滞了，生存就难了。

1994 年 11 月，意大利首都罗马举行了"首届世界终身学习会议"，提出"终生学习是 21 世纪的生存概念"，强调："如果没有终身学习的意识和能力，就难以在 21 世纪生存。"

《美国 2001 年教育战略》中写道："今天，一个人如果想到美国生活得好，仅有工作技能是不够的，还须不断学习，以成为更好的家长、邻居、公民和朋友。学习不仅是为了谋生，而且是为了创造生活。

可以这样说，学习化生存观念是由信息社会、知识经济时代催生的细胞，而学习化生存观念又是信息社会、知识经济时代的支撑基石。今天，社会变革的潮流一浪高过一浪，我们在面对竞争日趋激烈的现实时，必须有学习生存观念，如不终身学习就会被淘汰。不进则退，智者生存对一件东西有爱好是由知识产生的，知识愈准确，爱好也就愈强烈。

要达到这准确，就须对所应爱好的事物全体所有组成的每一个部分都有透彻的知识。——达·芬奇

成功者的特征，就是能随时随地求进步。他害怕退步，害怕堕落。因此，他总是通过学习来力求上进。

进步，通过学习可以得到。学习，应是人终生的伴侣。一个人成就有大小，水平有高低，决定这一切的因素很多，但最根本的还是学习。正确地利用空余时间进行学习是卓越品质的表现。历史上的很多例子都说明，被用来学习的空余时

间从很大意义上来讲，并没有空余。这些时间是节省出来的，是从睡眠、就餐和娱乐时间中节省出来的。

有个农村孩子，十六岁中学毕业后，就到深圳打工。在建筑工地上，他整个白天待在太阳底下筛沙子，有时晚上还加班加点。就是在这样艰苦的条件下，他吃饭时面前总要摆一本书，只要有空，他就把兜里的书拿出来看，勤学不辍。节假日，其他的打工仔要么三五个聚在一起搓麻将，打扑克，要么出去玩，而他设法利用这些时间，来接受出色的自学教育。当那些打工仔打哈欠、伸懒腰时，他却不失时机地学习、进步。他坚信，珍惜时间会使他获益匪浅，而虚掷光阴只会让他碌碌无为。读书、学习之余，他试着写诗，向报刊杂志社投递。一次次的稿件被退回来，但他并不气馁，他知道，是自己学得不够，功夫没有真用到点子上。他依旧见缝插针地学习。皇天不负苦心人，他的一首小诗终于在一家杂志上发表，从此，他走上了文学之路，一部部作品被相继采用。回到家乡后，他被当地文联聘为特约编辑。

使人没有成就、陷入平庸的并不是能力不足，而是勤奋不够。随时随地求进步是一种心态，必须自己用心去引导，它才会像活泉般涌现出来。心理学家皮尔说："如果你觉得生活特别艰难，就要老老实实地自省一番，看看毛病在哪里。我们通常最容易把自己遭受的困难归咎给别人，或诿称是无法抗拒的力量。但事实上，你的问题并非你所不能控制，解决之道正是你自己。"如果一个人常常有消极或无能为力的感觉，就会使自己变得懒惰起来。这时，最能帮助你的就是你自己；改变心态，换上积极精进的思想，自然会再度站立起来。

书籍多如耸立的高山，知识广如浩瀚的海洋。功成名就，好比攀登崇山峻岭，横渡瀚海大洋，路漫漫，困难重重，绝非短期之功可以毕其役。锲而舍之，朽木不折；锲而不舍，金石可镂。知识一天没有积累时，不是维持现状，而是在减少。所以，积累也不是一般概念的加法，当你的知识积累到一定时候，会爆发出一个个灵感来，这种灵感会使你一下子明白许多以前似懂非懂的东西，会使你悟出许多书本上没有学过的东西。这样，你的知识岂不是成几何倍数地增长了吗？

只为成就更好的自己，我们努力不为别人，

重复是学习之母

还记不记得我们小时候学说话时的情形，我们不断地重复着一句话，久而久之自然就会说了。

还记不记得我们学习文字时的情形，我们不断地重复写了好多遍，久了自然也就会写了。

小时候我的语文成绩不好，一犯错误就经常被老师罚抄写课文，一抄就是十几二十遍，一直抄到半夜才完成。我总是恨老师太不近人情，太无聊的事为何叫我做了一遍又一遍？

现在，我非常地感激我的小学语文老师，因为我知道：若没有那时的重复抄写，就没有现在这本使你受益的小册子。

九九乘法你是怎么学会的？背了一遍又一遍。

英语单词你又是怎么学会的？方法应该都是一样的方法——重复。

但长大后一般人都忘记了，总是觉得我都知道了，为什么还要再一次学呢？所以大部分的人看过的书都忘了，听过的演讲也都忘了。就算你知道了，还要再一次知道，再一次学习，再一次重复，直到真正变成一种行为，学习才会有效果。

大部分的学习、看书、听课都无效时，并不要抱怨老师不好，是因为你不愿再一次重复。

重复能成为习惯。任何新能力、新知识都要化为你的行为才算是有效。这是因为，人们意识到的事情往往真正发挥却不容易，必须进入潜意识后，变成一种无意识的动作，成为不必经过思考即可做出的动作行为才能奏效。

就像学游泳、学开车，一旦学会了，你不必思考即可自然而然做出标准动作。开始学习时，可不是这样的！是通过什么过程才会让你进入无意识的动作中呢？没错，是重复。

有很多人上过销售训练课，老师会要求学员们不断重复。他们一旦重复得足够多次之后，在顾客面前他们也会自然按照课程中所教的去表现给顾客看，这项新技巧也就成为他的了。

也有很多人上完课程培训后，没有按照要求一再重复，他在销售产品时依旧使用他的老方法，无法照老师教的去做。这些新的推销技巧当然也还是老师的，因为他们又还给老师了，真是太不值了！

重复是学习之母。我希望你读完这本小册子先搞懂我的意思后再重复一到两次，直到这些观念与方法被你完全吸收。这时，请你再静下心来看一次，这样的学习方式会把你完全改变的，所有的学习都是一样的过程，去重复吧！

第八章

有勇气的人，整个世界都会给他让路

坚持与放弃都需要勇气，勇气有时的确能改变一切。在我们人生的关键时刻，只有将得失置之度外，充满勇气地去做自己该做的事，才有可能赢得属于自己的胜利。

勇气往往能够改变一切

美国一名成功的商人杰夫·荷伊曾经在他的一篇文章里记录了下面这个关于勇气的故事：

我开始做生意不久，就听说百事可乐的总裁卡尔·威勒欧普要到科罗拉多大学来演讲。我找到为他安排行程的人，希望能找个时间和他会面。可是那个人告诉我，他的行程安排得很紧凑，顶多只能在演讲完后的 15 分钟与我碰面。

于是在他演讲的那天，我就到科罗拉多大学的礼堂外苦坐，守候这位百事可乐的总裁。他对学生演讲的声音不断从里面传来，不知过了多久，我猛然惊觉，预定的时间已经到了，但是他的演讲还没结束，他已经多讲了 5 分钟，也就是说，我和他会面的时间只剩下 10 分钟。我必须当机立断，做个决定。

我拿出自己的名片，在背面写下几句话，提醒他后面还有个约会：

"您下午两点半和杰夫·荷伊有约。"

然后我做个深呼吸，推开礼堂的大门，直接从中间的走道向他走去。威勒欧普先生原本还在演讲，见我走近，他停下话来，我把名片递给他，随即转身从原路走出来，我还没走到门边，就听到威勒欧普先生告诉台下的观众，说他迟到了，他谢谢大家来听他的演讲，祝大家好运，然后就走到外面我坐的地方。此时，我坐在那里，全身神经紧绷，连呼吸都好像停止了。

他看了看名片，接着看看我说："我猜猜看，你就是杰夫。"我们就在学校里找了个地当办公室，关起门来畅谈了一番。

结果我们谈了整整 30 分钟，他不但花费宝贵的时间告诉许多精彩动人的故事，而且还邀我到纽约去拜访和他的工作伙伴。不过他赐给我最珍贵的东西，还是鼓励我继续发挥先前那种勇气。他说商业界或者其他任何地方，所需要的就是勇气，你希望促成什么事的时候，就需要有勇气采取行动，否则终将一事无成。

是自己的就一定要争取，缺乏勇气只能会让你失去。网上一位姓周的作者在他的《请老板付工资》中讲了自己的一件亲身经历之事：

这是去年暑假的故事，一想起，便历历在目，令我终生不忘。那天是星期日，刚上完晚班，我累极了，顾不上换下油渍渍的工作服，连忙倒在床上准备大睡一觉。但墙上的日历提醒我离开学只有三天了。怎么办，那两千多元的学费还没着落，来这没日没夜地干了一个月，可口袋里一个子儿也没有，得想点办法……想来想去，办法只有一个：请老板预付工资（因为该厂的惯例是工程结算后才发工资，当时工程正忙）。

我从床上溜下来，脱下汗渍的衣服，洗了脸，硬着头皮朝经理室走去。站在经理办公室烫金的招牌底下，我轻轻地敲了一下门。"进来，"经理头也没抬，仍仔细地翻着那一叠厚厚的资料。我怯生生地站在办公桌前，暗思着可能发生的一切。四五分钟后，经理炯炯有神的目光射向我："有什么事，说吧。"

"老板，离开学只有三天了，我想预支点工资。"

"嗯，可以考虑，学生以学为主嘛。"这么简单，说到心坎上，我心里暗自高兴：有戏了。

"你过来，我找一下工时记录。对，是这份。一共 32 个工时，每个工时 25 块，加班费共 160 元。我算一下，对，总共是 960 元，是不是？"

"没错，老板。"

"不过，你曾到办公室打过 5 个电话，3 个长途，电话费是 85.8 元，你前天到市里借了我 50 块钱买东西；损坏钢丝床一个，需赔 150 元；搬东西时弄坏台灯一个，椅子 4 把，共要赔 160 元；昨天你提前交班，须罚款 50 元。规章制度你是知道的。这样一来，你应拿的工资是 464.2 元……"

老板的话还没说完，我大叫起来："不，不，打长途电话是经你允许的，是联系业务需要；我没借你的钱，那 50 块钱是买原料的；那个钢丝床早报废了；台灯椅子不是我损坏的；那天是他们叫我收拾残料；提前交班是我们私下的事，况且没发生任何事故……"

"不可能吧，"老板发话了，"这里有记录有罚款报告单，另外你应该清楚跟老板强词夺理的后果，我从来不跟人多废话。这是 464.2 元，数一下。"老板转身出去了。

我的心一下子凉了，只 464.2 元，还差一大截。但转念一想，总算弄了点钱，这可是用自己的汗水挣来的第一笔钱。我收起钱，离开了经理室。

"等等。"我正准备下楼梯，身后又传来了经理的声音。

"你为什么不坚持？为什么不据理力争？在这个充满竞争的社会里。你为什么就这样轻而易举，永远也干不成大事。"

"拿着，这是你的工资袋，共 960 元，把刚才的那个也带上，我知道你是大学生，但你也应该学习竞争，光能吃苦还不够，你是我这里打工最能吃苦的学生，我欣赏。四百多块钱算奖金，走吧，念好书。"

我愣在那里半天，许久才说了一声："谢谢。"老板却早走了。

坚持与放弃都需要勇气，勇气有时的确能改变一切。在我们人生的关键时刻，只有将得失置之度外，充满勇气地去做自己该做的事，才有可能赢得属于自己的胜利。

困难没有我们想象的那么可怕

艾文·班·库柏是美国最受尊敬的法官之一，但他小时候却曾是个懦弱的孩子。班住在密苏里一个叫圣约瑟的贫民窟似的地方。他父亲是个移民，依靠裁缝的微薄收入维生，常常难得一饱。

为了他们不小的家能够取暖，班经常提着装煤的篮子到附近的铁轨上去捡煤炭。他觉得这样做很难为情，总是偷偷地从后街走，免得上学的小孩子看到他。

可他们偏偏经常看到他。其中有一些孩子总爱躲在他从铁路回家的路旁打他一顿，把他的煤炭撒得到处都是，让他泪眼汪汪地回家，因此他几乎生活在一种无穷的恐惧和自卑的环境中。

后来情况有了转机。班因为看了一本书，得到了莫大的启发，因此开始积极反抗。这本书名叫《罗伯·柯维德的奋斗》。班在那本书里看到一个跟他一样的少年的冒险故事，这个少年也面临许多不平，却凭着勇气和道德力量一一克服，班希望自己也有这种勇气和毅力。当他读完这本书几个月以后，他又走到铁轨那里，远远地看到三个人影冲到一幢建筑物的后面，他第一个念头便是拔腿就跑，但又想到书中主角的勇气，于是不但不转身，反而紧紧抓着装煤的篮子一直往前走，仿佛他是书中的英雄似的。

这是一场硬仗，3个人同时扑过来，他的篮子掉到地上，他挥挥手臂，准备开打，他那副坚决的模样，使那些坏小孩大吃一惊。班用右手一拳打在一个人的嘴唇和鼻子上，左手又打他的腹部。出人意料的是，这小子居然停下手来，掉头就跑了，而对另外两个，班先推开其中一个，再把第二个打倒。然后跪在他身上，拳头像雨点似的揍他的下巴。现在只剩一个了，他是孩子头，已经跳到班的身上，班用力把他推到一边，站起身来。大约有几秒钟，两个人就这么面对面站着，狠狠瞪着对方，互不相让。后来，这个小头头一点一点地退后，然后拔腿就

只为成就更好的自己

我们努力不为别人，

跑，班也许基于一时气愤，又拾起一块煤炭朝他扔了过去。班这时才发现鼻子挂了彩，身上也青一块、紫一块。这一仗打得真好。这是班一生中重要的一天，那一天他已经克服一切恐惧。

班·库柏并不比过去强壮多少，那些坏小孩的凶悍也没有收敛多少，不同的是他的心态已经有了改变。他已经学会克服恐惧、不怕危险，再也不受别人欺负。从现在开始，他要自己来改变自己的环境，他果然做到了。斯巴群说："有许多人一生的伟大，都从他们的困难中得来。"

有许多人，因为一生中没有常同"阻碍"搏斗的机会，而又没有充分的"困难"足以刺激起其内在的潜伏能力，于是默默无闻，真是可惜。

阻碍不是我们的仇敌，而实是恩人，它能锻炼起我们"克胜阻碍"的种种能力。森林中的大树，要不曾同暴风猛雨搏斗过千百回，树干就不能长得十分结实。同样，人不遭遇种种阻碍，他的人格、本领是不会得到提高的。所以一切的磨难、忧苦与悲哀，都是足以锻炼我们的。在格里米战役的一次战事中，一颗炮弹，把战区中的一座美丽的花园炸毁。但是在炮火所炸开的泥缝中，却忽然发现了一股泉水的喷射；从此以后，就成了一个永久不息的喷泉。不幸与忧苦，也能将我们的心灵炸破，而在那炸开的裂缝中，不息地喷射出丰富经验与顽强的意志。

有许多人非至绝境，就不会发现自己的力量。阻碍，仿佛是将他的生命凿成"美好"的铁锤与斧子。唯有失败，唯有困难，才能使一个人变得坚强，变得无敌！

有一个著名的科学家曾说：当他遭遇到一个似乎不可超越的难题时，他知道，自己快要有新的发现了。初出茅庐的作家，把书本送人书店，往往要受到无人问津的冷落，但因此却造就了许多的著名的作家，因为失败是足以唤起燃起一个人的潜能，从而使他获得成功的。有本领、有骨气的人，能将失望变为希望的动力。

鸷鸟一到羽毛生成，母鸟立刻会将它们逐出巢外，使它们做空中飞翔的历练。那种经验，使它们能于日后成为禽鸟中的君主，捕啄食品的能手。

有些环境不顺利，到处受排挤的青年，往往于日后是"秀而实"的，而那些自小环境顺利的人，却反多"苗而不秀，秀而不实！"

"自然"往往给予人一份困难时，同时也添给人一分智力！有些成功人士虽身在困境之中，却完成了他们的伟大。《鲁滨逊漂流记》是笛福在监狱写成的；《天路历程》是在彼特福特监狱中出现的；拉莱在他十三年的幽囚生活中，写成了他的《世界历史》；路德幽囚在瓦特堡的时候，把《圣经》译成了德文。但丁被宣告死刑，而度过二十年放逐生活；他的作品是在这时期中完成的。贝多芬在两耳失聪，生活最悲痛的时候，写成他最伟大的乐曲。席勒为病魔缠扰十五年，他最有价值的书，也就是在这个时期中写成的。弥尔敦在双目失明、贫病交迫的时候，写下他的名著。所以宁彭扬甚至于说，"假使那正当的话，我宁愿祈祷着更多的忧患的到来，为了要得到更多的幸福。"

一个大无畏的人，愈为环境所困，反而愈加奋勇，不战栗，不逡巡，胸膛直挺，意志坚定，敢于对付任何困难，轻视任何厄运，嘲笑任何阻碍。因为忧患、困苦，不损他毫末，反足以加强了他的意志、力量与品格，而使他成为人上之人——这真是世间最可敬佩、最可艳羡的一种人物了。"命运"不能阻挡这种人的前程！

勇气才能撞开"虚掩的门"

成功之门都是虚掩的，它总是留给那些有勇气去强大自己的人。我们知道，不恐惧不等于有勇气；勇气使你尽管害怕，尽管痛苦，但还是继续向前走。在这个世界上，只要你真实地付出，就会发现许多门都是虚掩的！微小的勇气，能够完成无限的成就。

不卑不亢无论是对事还是对人都有一种极强的穿透力，如果你幸运与生俱来就有这种品性，那么很值得恭贺；如果你还没有养成这种性格，那么尽快培养吧，人的生命很需要它！

有一个国王，他想委任一名官员担任一项重要的职务，就召集了许多孔武有力和聪明过人的官员，想试试他们之中谁能胜任。

"聪明的人们，"国王说，"我有个问题，我想看看你们谁能在这种情况下解决它。"国王领着这些人来到一座大门——一座谁也没见过的最大的门前。国王说："你们看到的这座门是我国最大最重的门。你们之中有谁能把它打开？"许多大臣见了这门都摇了摇头，其他一些比较聪明一点的，也只是走近看了看，没敢去开这门。当这些聪明人说打不。开时，其他人也都随声附和。只有一位大臣，他走到大门处，用眼睛和手仔细检查了大门，用各种方法试着去打开它。最后，他抓住一条沉重的链子一拉，门竟然开了。其实大门并没有完全关死，而是留了一条窄缝，任何人只要仔细观察，再加上有胆量去开一下，都会把门打开的。国王说："你将要在朝廷中担任重要的职务，因为你不光限于你所见到的或所听到的，你还有勇气靠自己的力量冒险去试一试。"

史东是"美国联合保险公司"的主要股东和董事长，同时，也是另外两家公司的大股东和总裁。

然而，他能白手起家，他创出如此巨大的事业却是经历了无数次磨难的结果，或者我们可以这样说，史东的发迹史也是他勇气作用的结果。在史东还是个孩子时，就为了生计到处贩卖报纸。有家餐馆把他赶了好多次，但是他却一再地溜进去，并且手里拿着更多的报纸。那里的客人为其勇气所动，纷纷劝说餐馆老板不要再把他踢出去，并且都解囊买他的报纸。

史东一而再再而三地被踢出餐馆，屁股虽然踢痛了，但他的口袋里却装满了钱。史东常常陷入沉思。"哪一点我做对了呢？""哪一点我又做错了呢？""下一次，我该这样做，或许不会挨踢。"这样，他用自己的亲身经历总结出了引导自己达到成功的座右铭：如果你做了，没有损失，而可能有大收获，那就放手去做。"

当史东 16 岁时，在一个夏天，在母亲的指导下，他走进了一座办公大楼，开始了推销保险的生涯。当他因胆怯而发抖时，他就用卖报纸时被踢后总结出来的座右铭来鼓舞自己。就这样，他抱着"若被踢出来，就试着再进去"的念头推开了第一间办公室。他没有被踢出来。那天只有两个人买了他的保险。从数量而言，他是个失败者。然而，这是个零的突破，他从此有了自信，不再害怕被拒绝，也不再因别人的拒绝而感到难堪。第二天，史东卖出了 4 份保险。第三天，这一数字增加到了 6 份……

20 岁时，史东设立了只有他一个人的保险经纪社。开业第一天，销出了 54 份保险单，有一天，他更创造一个令人瞠目的纪录 122 份。以每天 8 小时计算，每 4 分钟就成交了一份。在不到 30 岁时，他已建立了巨大的史东经纪社，成为令人叹服的"推销大王"。

推销员，可能是世界上最需要脸皮的职业之一。可以说，不经过千百次的被拒绝的折磨，就不能成为一个优秀的推销员。史东有句名言，叫"决定在于推销员的态度，而不是顾客……"。

1968 年，在墨西哥奥运会百米赛道上，美国选手吉·海因斯撞线后，转过身子看运动场上的记分长牌，当指示灯打分 9.95 的字样后，海因斯摊开双手自言自语地说了一句话，这一情景后来通过电视网络，全世界至少有几亿人看到，但由于当时他身边没有话筒，海因斯到底说什么，谁都不知道。直到 1984 年洛杉矶奥运会前夕，一名叫戴维·帕尔的记者在办公室回放奥运会资料后时好奇心大现，找到海因斯询问此事时这句话才被破译了出来。原来，自欧文创造了 10.3 秒的成绩后，医学界断言，人类的肌肉纤维所承载的运动极限不会超过 10 秒。所以当海因斯看到自己 9.95 秒的纪录之后，自己都有些惊呆了，原来 10 秒这个门不是紧锁的，它虚掩着，就像终点那根横着的绳子。于是兴奋的海因斯情不自禁地说："上帝啊！那扇门原来是虚掩着的。"

用生活的热情改变命运

卡耐基的办公室和家里都挂着一块牌匾，麦克阿瑟将军在南太平洋指挥盟军的时候，办公室里也挂着一块牌匾，他们两人的牌匾上写着同样的座右铭：

你有信仰就年轻，

疑惑就年老；

你自信就年轻，

畏惧就年老；

你有希望就年轻，

绝望就年老；

岁月使你皮肤起皱，

但是失去快乐和热情，

就损伤了灵魂。

这是对热情最好的赞词。

如果能培养并发挥热情的特性，那么，无论你是个挖土工还是大老板，你都会认为自己的工作是快乐的，并对它怀着深切的兴趣。无论有多么困难，需要多少努力，你都会不急不躁地去进行，并做好想做的每一件事情。

热情对于有才能的人是重要的，而对于普通人，它的作用却不仅仅是重要。它可能是你生命运转中最伟大的力量，使你获得许多你想要的东西。

热情不是一个空洞的词，它是一种巨大的力量。热情和人的关系如同蒸汽机和火车头的关系，它是人生主要的推动力，也是一个普通人想要生活好、工作好的最关键的心态。

或许你总是在想自己是一个各方面能力都一般化的人，经常用"我是一个普通人"的借口来原谅自己。假如你有这样的想法，那么你就要小心了，这样的心态会使你在还没有努力之前就已经失败，它是阻碍你获得幸福的最大障碍，在你与成功和金钱之间隔了一道厚厚的墙。

只要你确立的目标是合理的，并且努力去做个热情积极的人，那么你做任何事都会有所收获。

热情的心态可以补充精力的不足，发展坚强的个性。有些人很幸运，天生就是个乐观向上的人，而有些人却需要后天培养来获得。

培养良好的心态并不难，首先要选择你最喜欢的工作和最向往的事业。如果由于种种原因，你不能从事你喜欢的工作，那就把你想做的工作当作未来的目标吧。

热情能培养信心。

爱德华·亚皮尔顿是一位物理学家，发明了雷达和无线电报，获得过诺贝尔奖。《时代》杂志曾经引用他的一句话："我认为，一个人想在科学研究上取得成就，热情的态度远比专门知识更重要。"

这句话若是出于普通人之口，可能不会被人重视，但出自于成功者之口，那就意义深远了。既然对从事严谨科学研究的成功者来说，热情都那么重要，那么对从事一般工作的普通人来讲，岂不更应该占有更重要的位置？

在遭受挫折的时候，我们不能变得很悲观，这对我们的生活、工作是极为不利的。其实退一步想想，困难有时并不意味着不幸。

历史上，许多举世闻名的人物都漠视他们自己身体上的缺点。他们不以缺陷而自轻，不因缺陷而悲观。如：拜伦爵士长有畸形足，朱利亚斯·凯撒患有癫痫症，贝多芬后来因病成了聋子，拿破仑则是有名的矮子，莫扎特患有肝病，富兰克林·罗斯福则是小儿麻痹症患者，而海伦·凯勒更是从小就又聋又瞎。还有女演员莎拉，她是个私生女，而且长得并不甜美，童年时代饱受折磨，生活似乎完全没有指望，但她克服重重困难，后来终于成为舞台上不朽的人物。

萧伯纳对那些时常抱怨环境不顺的人感到很不耐烦。他说："人们时常抱怨自己的环境不顺利，怨天尤人，使他们没有什么成就。我是不相信这种说法的。假如你得不到所要的环境，可以制造出一个来啊！"事实是，假如每个人整天都认为环境不好，当然就会把自己的过失归诸"缺陷"或种种其他的原因，因此产生了所谓的"悲观主义"。

假如别人有两条腿，而你只有一条腿；假如别人富有，而你比较贫穷；假如你长得胖、瘦、美、丑、金发、黑发、害羞或进取——无论哪一点使你与众不同，都很可能成为你的缺陷——只要你自己这么认为！不成熟的人随时可以把自己与众不同的地方看成是缺陷，是障碍，然后觉得自己什么都不如别人。成熟的人则不然，他先认清自己的不同之处，然后看是要接受它们，或是加以改进。

生命并不是一帆风顺的幸福之旅，而是时时在幸与不幸、沉与浮、光明与黑暗之间的模式里摆动。面对种种的不幸，只有一个方法——就是接受它。心理学家、哲学家威廉·詹姆斯提出忠告："要乐于接受必然发生的情况，接受所发生的事实，是克服随之而来的任何不幸的第一步。"事情既然如此，就不会另有他样。在漫长的岁月中，你我一定会碰到一些令人不快的情况，它们既是这样，就不可能是他样。我们也可以有所选择。我们可以把它们当作一种不可避免的情况加以接受，并且适应它，或者我们可以用忧虑来毁了我们的生活，甚至最后可能会被弄得精神崩溃。

当我们的生活被不幸遭遇分割得支离破碎的时候，只有时间可以把这些碎片捡拾起来，并重新抚平。我们要给时间一个机会。在你刚刚受到打击的时候，整个世界似乎停止运行，而我们的苦难也似乎永无止境。但无论如何，我们总得往前走，去履行生命计划中的种种目标。终有一天，我们又能唤起过往快乐的回忆，并且感受到被护佑，而不是被伤害；要想克服不幸的阴影，时间是我们最好的盟友，但唯有我们把心灵敞开，完全接受那不可避免的不快，我们才不会沉溺在痛苦的深渊里。

这不是说，在碰到任何挫折的时候，都应该低声下气，那样就成为宿命论者了。不论在哪一种情况下，只要还有一点挽救的机会，我们就要奋斗。但是当普通常识告诉我们，事情是不可避免的——也不可能再有任何转机时——我们就应该保持理智，不要"左顾右盼，庸人自扰"。

人们遭遇不幸时，经常接受不了，他们会说："为什么这会发生在我身上？唯独我的身上？"他们为什么不会想到："为什么不呢？"命运并不偏爱任何人。身为一个人，我们都得历经一些苦难，正好像我们也历经许多快乐一样。迟早，生活本身会教我们明了：在受苦受难的经历里，我们每个人都是平等的。无论是国王或乞丐、诗人或农夫、男性或女性，当他们面对伤痛、失落、麻烦或苦难的时候，他们所承受的折磨都是一样的。无论是任何年纪，不成熟的人会表现得特别痛苦或怨天尤人，因为他们不了解，诸如生活中的种种苦难，像生、老、病、死或其他不幸，其实都是人生必经的阶段。

当你"不幸"遇到不幸时，你可以这样做：

先试着接受这不可避免的事实；

让时间去治疗你的伤痛；

采取一些行动，改变你的困境；

充分坚定信心，因为不幸只是过客。

挥挥手，向不幸告别；如果你沉迷了、退缩了，那不幸只能陪在你的身旁，做你永远的伴侣了。

从未冒过险的人是绝不会成功的

美国历史上著名的总统林肯小时候生长在偏远的乡村丛林边，他居住在一所地处旷野的简陋的小木屋，无窗无门，远离学校、教堂、铁路，那里没有报纸、图书，甚至连日常生活的必需用品都很匮乏，更谈不上生活中的种种享受了。每天他必须步行几个小时到"邻近"的另一处简陋的学校里去念书；他必须在荒野中跋涉几十里才能借到一些他想看的书。然后，不顾一天的艰苦劳累，借着木柴的火光阅读。然而，林肯从不消极地等待机会，就是在这种严酷的生活环境中，造就了美国最伟大的总统。

很多的时候，消极等待，对生命的一种浪费。

任何事情的圆满结局是等不来的，必须要靠冒险的个性去完成。

吉姆·伯克晋升为约翰森公司新产品部主任后的第一件事，就是要开发研制一种儿童所使用的胸部按摩器。然而，这种产品的试制失败了，伯克心想这下可要被老板炒鱿鱼了。伯克被召去见公司的总裁，然而，他受到了意想不到的接待。"你就是那位让我的公司赔了大钱的人吗？"罗伯特·伍德·约翰森问道，"好，我倒要向你表示祝贺。你能犯错误，说明你勇于冒险。而如果你缺乏这种精神，我们的公司就不会有发展了。"数年之后，伯克本人成了约翰森公司的总经理，他仍牢记着前总裁的这句话。

勇于冒险求胜，你就能比你想象的做得更多更好。在勇冒风险的过程中，你就能使自己的平淡生活变成激动人心的探险经历，这种经历会不断地向你提出挑战，不断地奖赏你，也会不断地使你恢复活力。

惧怕行动，不冒风险，求稳怕乱，平平稳稳地过一辈子，虽然可靠，虽然平静，虽然可以保住一个"比上不足比下有余"的人生，但那真正是一个悲哀而无聊的人生，一个懦夫的人生。其最为痛惜之处在于，你自己葬送了自己的潜能。你本来可以摘取成功之果，分享成功的最大喜悦，可是你却甘愿把它放弃了。与其造成这样的悔恨和遗憾，不如去勇敢地闯荡和探索。与其平庸地过一生，不如做一个敢于行动、敢于冒险的英雄。

工业和体育运动方面的先驱詹姆森·哈代总是喜欢去冒险，尽管朋友们和同事们经常告诫他"不要犯傻"。他不仅敢于冒挑战体能的风险，而且敢于冒考验信念的风险。他在教学领域所创造的纪录给世人留下了深刻的印象，因为他是一个天才，很多从事汽车销售和服务的人都从他的训练方式中受益匪浅。

哈代是爱迪生的一位朋友，在爱迪生发明了电影以后，哈代从电影胶片的片盘中得到了启发，他产生了一个新的念头，那就是让胶片上的画面一次只向前移动一幅，以便让教师能够有充足的时间详细阐述画面所反映的内容。后来，哈代又成功地实现了让画面与声音同步进行的目标，从而创造了真正的视听训练法。

那么，哈代是不是必须要去冒险呢？他本可以继承父亲在芝加哥的报业，本可以拥有一份稳定而保险的记者工作，但他没有。有人认为他很愚蠢，因为他放弃了有把握的东西。当人们被无声电影的神奇所吸引时，当朋友们告诉他，人们不愿意再坐下来看那些一次只能移动一幅图画时，他并没有惧怕失败，而是回答说："我仍然要去冒这个险。"

今天，哈代已经被公认为"视听训练法之父"。正是敢于去冒那种考验信念的风险，他才发明了很多有效的训练方法，从而使很多来自企业、公益组织、社会团体或军队的人士得到了好处。除此以外，哈代在另一领域的冒险精神也值得赞赏。在他的一生中，曾经两度入选美国奥运会游泳队（时隔20年之久），曾经连续三届获得"密西西比河10英里马拉松赛"的冠军。他几乎每天都要游泳，或是在陆上的湖泊，或是在大海，取胜的信念已经融入了他的血脉，他对提高速度简直着了迷。

哈代决心在游泳方面做出改革，但是当他把想法告诉游泳冠军约翰·魏斯姆勒时，却遭到了嘲笑。后者认为在水里冒险实在是太危险，何况澳式爬泳早已确立、定型，不需要做任何改动。另一位游泳冠军杜克·卡汉拉莫库也告诫他不要去冒险，否则可能被淹死。但哈代却对他的游泳同行说："我就要冒这个险去试一试。"

哈代再次鼓起勇气，决心去冒考验他信念的风险。他把长期以来一直固定不变的爬泳姿势在方法上做了大胆的改动，使之更加自由和灵活：游泳时头朝下，吸气时把脸转向一侧，当脸回到水下时再呼气。这样，划水一周所需的时间缩短了，游泳速度也提高了，而哈代也并没有被淹死。他挑战传统爬泳的标准姿势，从而发明了新的自由泳。今天，我们在世界的每一个游泳池都能看到它的存在。哈代又被誉为"现代游泳之父"。

世界上没有一件可以完全确定或保证的事。成功的人与失败的人，他们的区别并不在于能力或意见的好坏，而是在于相信判断、适当冒险的个性与采取行动的勇气。

失败的经验是最珍贵的

每当我们开始干一件事时，总难免要失败。如果害怕失败，那你将一事无成。家长们常说："孩子只要能立就能走，能走就能跑。"每个家长都懂得孩子不摔几跤是学不会走和跑的。而当他们看到自己的孩子在跌倒中学会走路时，心情是非常激动的。事实上，所有人都是这样长大的。

英国小说家、剧作家柯鲁德·史密斯曾经这样说："对于我们来说，最大的荣幸就是每个人都失败过。而且每当我们跌倒时都能爬起来。"

记得过去看过这样一个故事，是讲发明家爱迪生的。爱迪生在经过14000多次实验后发明了电灯，当记者问爱迪生对一万多次失败有何感想时，爱迪生这样回答："我不是失败了一万多次，而是发现了一万多种行不通的方法而已。"在爱迪生的词典里，根本没有"失败"这两个字。这个故事让我想起了一个心理学的实验，在这个实验中，有一批狗在一个很简单的任务上都失败了，那么狗的"字典"里是怎么出现失败这个词的呢？

实验中，有一个很大的笼子，笼底是铁做的。笼子中间有一个铁栅栏，把笼子分为两半。把狗放进笼子的一边，在笼子底上通电，狗就受到电击，感觉到尖锐急剧的刺痛。一些狗受到电击后，会很快地跳到笼子的另外一边去，从而躲避了电击。在另一边受到电击时，这些狗又会很轻松地跳回来，到没有通电的一边去。这个任务是很简单的，随着通电的部位变化，狗就在这个箱子中间跳来跳去，穿梭跳动以躲避电击。因此这个箱子也被形象地称为"穿梭箱"。但是，有另外一批同样的狗，它们在穿梭箱中受到电击时，不做任何跳跃和挣扎的动作，只会浑身发抖，低声哀鸣，一副失败的可怜样。为什么这些狗会表现出这种任人宰割的惨相呢？原来，心理学家在把这些狗装进穿梭箱前，对它们进行了如下的操作：把这些狗拴在一个铁柱子上，时不时地用电刺激他们，狗受到电击后会挣扎、跳跃、咆哮，但是无论它们怎么挣扎，都摆脱不了电击的折磨，经过几天数十次的电击和无效的挣扎后，这些狗都放弃了努力，在受到电击时，只是趴在地上，瑟瑟发抖，低声哀鸣，再也不挣扎了。这时，再把这些狗放进穿梭箱中，对这种轻轻一跃就能摆脱的电击刺痛，它们也认了。失败的狗：挣不脱柱子，就以为跳不过栅栏。犯了"逻辑错误"，不进一步"调查研究"。

人当然比狗聪明，把人囚禁在一个地方的时候，不管原来有多少次失败的经验，但是他们总会想逃脱并且会不断想出办法，不是有很多人九死一生历尽千辛万苦从戒备森严的监狱中越狱而逃吗？但是，在某些场合下，人是否也同样会像上述的狗一样自认"失败"的命运呢？

一个成功的保险推销员达比给拿破仑·希尔讲了一个故事，并说他自己的成功得益于此：达比曾跟伯父去淘金，本来他们发现了一流的富矿，全家人高兴极了，可是挖着挖着没了矿脉，费了好大的劲也没有再找到矿脉，于是他们把机器廉价卖给了旧货商打道回府了。那个旧货商找到了一个工程师，经过实地勘察发现这只不过是一个断层。于是旧货商继续开采，结果下掘三尺便又发现了矿脉，达比及其伯父轻易地放弃了一个发财的机会。

说到这里，你也可能得出了结论，那就是所谓失败，其实就是自己的一种感觉，是在通往目标的过程中，由于自己的行动多次受阻而产生的绝望感，是自己在自己心中滋养起来的"纸老虎"。对于这种吓人的张牙舞爪的纸老虎，你不打，它是不会倒的。在前进的路上，我们可能会做错，可能走了弯路，可能离原来的目标更远了，但是，这一切都是宝贵的体验和收获，如果我们愿意进一步地尝试和努力，那么原来的错误就是我们前进的阶梯。但是，如果我们在挫折之后对自己的能力或"命运"发生了怀疑，产生了失败情绪，想放弃努力，那么我们就已经失败了。

因此，有个伟人说"失败是成功之母"，如果仅从字面上严格地考究，我们并不同意这种说法。我们认为换个表达方式可能更好一些，那就是：错误和尝试是成功之母，而失败仅仅是自己的一种感觉，一种绝望的感觉。在客观世界中，没有什么失败，失败仅仅存在于失败的人的心中。

一个人在工作和生活中会遇到各种障碍、困难，遭遇很多失败、痛苦。在挫折面前，有的人会出现暴怒、恐慌、悲哀、沮丧、退缩等情绪，影响了学习和工作，损害了身心健康。而有的人却笑对挫折，对环境的变化作出灵敏的反应，善于把不利条件化为有利条件，摆脱失败，走向成功。

成功就是出现在失败的下一次

很多人与成功失之交臂，就是没有到"隔壁"的屋子里看一看。

我认为，人的一生中，暂时的两手空空，并不可怕，可怕的是头脑空，思想空；同时，我觉得虽然失败会带来不愉快、压抑的感觉，但也是我们人类的朋友。

失败是我们一生的功课。

要想成功，你首先要学会面对失败。

所谓的失败，就是暂时的耽误，暂时的挫折，或者说是暂时走了弯路。如果我们每一个人都能从失败中吸取教训的话，那么这失败就有其价值，因为几乎所有的成功都经历过失败，失败对于我们来说，是一种更明智的开始，失败会告诉我们：该如何获得成功，所以我们很乐于从失败中学习。

世界上，就是因为有许多的失败存在，所以我们每个人才更加顽强地拼搏着、生活着，失败是我们获得成功的基础，我们要不断奋进，尽管奋进的过程中还伴随着失败，但失败是组成个人经历的重要部分。

我们每个人都追求成功，所谓的成功，就是战胜自己、超越自己、自我提升的一个过程。这个过程的实质是个人潜能的挖掘。如果一个人不怕失败，总是处于奋斗之中，那么他的成功将无可估量。我觉得，懂得面对失败的人，才会迈向成功。

1958 年，有一个叫富兰克·卡纳利的人，在自家的杂货店对面开了一个比萨饼屋，为的是能够通过经营这个比萨饼屋，筹措到他上大学的学费。连他自己也想不到的是，19 年后，他的比萨饼屋已经在各国开到了 3100 家，成了一个跨国连锁企业，总值达到 3 亿多美元。这 3100 家连锁店就是赫赫有名的必胜客。

若干年后，卡纳利在回顾他的连锁店是如何发展起来的时候说："你必须学习失败。"他说，"我做过的行业不下 50 种，这中间只有 15 种做得还算不错，表示我有 30%的成功率。"对此，卡纳利认为，你必须出击，尤其是在失败之后更要出击。你根本不能确定你什么时候会成功，所以你必须先学会失败。"

先学会失败。并不是说，你在屡战屡败后仍然去屡败屡战，而是要从失败发生的原因中找出可资借鉴的经验。卡纳利在俄克拉马（地名）的分店经营失败后，他发现，之所以失败，是因为分店的地点与店面的装潢导致的。于是，他知道了经营比萨饼店时选择分店的地点与店面装潢的重要；在纽约的销售失败后，他改进比萨饼的硬度，做出了适合当地人的另一种硬度的比萨饼；当地方风味的比萨饼在市场上出现，对他的经营形成冲击的时候，他另辟蹊径，向大众介绍并推出了芝加哥风味的比萨饼。

就是这样，卡纳利经过无数次的失败，和在无数次的失败后把失败的教训转化成成功的基础上，才使"必胜客"成了人们每每谈论成功经典时的话题。

日本成功企业家松下也同样认为："面对挫折，不要失望，要拿出勇气来！扎扎实实地坚持向既定的目标前进，自然会有办法出现。"他还认为，"一个人如果能够心无旁骛，专心致志……保持精神的沉静和坚定，不因一时的小挫折而丧失斗志，如此，世间是没有什么事情办不成的。"

成功住在失败隔壁。

一个寻找成功的人急切地敲打着一扇神秘的门。

门开了，"我找成功"，该人仍旧急切地问。

"您找错了，我是失败"，门里的人"砰"的一声把门关上。

寻找成功的人只好继续寻找，他蹚过很多条河，翻过很多座山，可迟迟找不到成功。后来他想，成功与失败就是一对冤家，那说不定失败知道成功在哪儿。

于是他重新找到失败，失败却说："我也正要找它呢"，说罢又关上了门，这人不死心，又继续敲开了失败的门，可失败留给他的仍是一副冰冷的面孔。

就在这人近乎绝望地在失败门口徘徊的时候，不断的敲门声吵醒了失败的邻居，随着"吱呀"的一声轻响，这人回头一看，天啊，这不正是成功吗？

很多人与成功失之交臂，就是没有到"隔壁"的屋子里看一看。

为成功而前行，就像去一个遥远的圣地，道路崎岖而漫长，可你千万不能半路放弃。也许我们曾经有过这样的经历：你在等一个人，等得不耐烦就走了，你前脚走，他后脚到。事后，你又懊悔怎么没多等一会儿。同样，追求成功，却半路放弃，也许成功就在几步之外。

自古以来，那些成功的佼佼者并非一开始就是成功的，他们大多是从失败的阴影中走出来，依靠坚韧不拔的精神和"善于见风使舵"的努力，最后获得丰硕的甜果。被称为"海洋工程巨头"的章立人，就是这方面的典范。

章立人 1944 年出生于南非，1949 年随作为退休教师的父亲移民新加坡，在新加坡读完中学后，赴英国上大学，攻读机电工程专业。1965 年学成后返回新加坡，进了一家公司任推销员。为了使自己在"极有吸引力，随时都在变化"的工商界中熟悉各方面的情况，并取得经验，他先后在航运和石油等方面的 5 家公司任职，差不多平均一年更换一家公司。

开端良好，路子也看得准，这并不等于用不着艰苦创业就可坐享其成。他在公司创办初期，承揽了一项大型打捞工程。

可是偏偏就在这时，一家竞争对手把他雇用的经理和职员给挖走了。这对章立人来说无疑是一个沉重的打击。但章立人硬是有一种不屈的精神，他说："我从来没有想到洗手不干"，"我沉住气，没有他们我也能把工作完成。"经过这次打击，他得到了关于做生意方面职员忠心问题的严厉教训。

依靠这种坚韧精神，章立人的事业渐渐有了眉目，除普密特公司的原有业务有一定进展外，他又在格隆工业镇的港口地区开办了船舶制造厂。然而好景不长，章立人又一次遭到新的打击：1974 年爆发了世界范围的石油危机，石油运输及加工业一落千丈，普密特公司生产也随之萧条。他心急火燎地跑到中东去兜揽生意，结果收效甚微，一年之间他只卖出 2 艘小拖船和一艘驳船，获利微薄。面对困境，章立人仍然告诫自己"沉住气"，从来没想到洗手不干。

终于，老天有眼！命运之神总是青睐那些坚韧不屈的人。

两年后，中东石油市场又一次兴旺起来，沙特阿拉伯和巴林群岛的港口应接不暇，货船要等上 3 个月才能靠上码头装卸，损失巨大。在建造新码头的招标中，章立人靠技术新、效率高、成本低等条件，轻而易举地压倒了所有的竞争对手。别的公司一般需要 3000 万美元、用一年时间建造一个码头，而章立人则采取新加坡预先建造钢铁码头，然后拖到中东的办法，既缩短了工期，又节约了工程支出，造价还不足 1500 万美元。结果，两份工程都提早完工并验收合格。于是，章立人的普密特公司名声大振，生意合同纷至沓来，相继完成了阿布扎比、沙加、杜邦的疏浚工程、建造工程，等等。

1977 年，普密特公司的营业额达 7000 万新币。1979 年，普密特公司只用了 5 个月时间，就为马来西亚的沙捞越建成有 108 个房间的阿萝拉海滩旅馆。对此，马来西亚政府十分赞赏，又让章立人扩建首都吉隆坡的萨帮机场。这一次，章立人比预定计划提前了近一半的时间，高质量地完成了工程。又一次为自己的公司壮大了声威。

当然，章立人的成功，不仅仅靠一种坚韧不拔的精神，他还非常善于见风使舵地确定自己的发展策略。1973 年，章立人为了筹措发展资金，毅然把普密特公司 40% 的股份卖给称雄香港多年并在国际市场经销中有一定影响的怡和集团，后来又增至 80%。1979 年，他看到东南亚石油勘探业的发展，便果断地收回卖给怡和的股份，将 26% 的股份权卖给称雄世界的建筑及机械工业界的西德罗斯塔尔公司，使普密特公司获取了先进的工业技术。翌年又将股权买回，转而与拥有建造油井钻台先进技术的美国贝克海洋工程公司合作。仅 80 年代初期，他们就合作制造了 9 座海上油井钻台。

章立人的成功经历告诉人们，勇于面对失败，善于解决矛盾，则无往而不胜。

在同一个地方摔倒是有些悲哀的。

小朋高考又一次名落孙山。而他仍不以为意地说："没事儿，失败乃成功之母嘛！拥有失败才拥有成功嘛！"是的，人生之路坎坷不平，且布满荆棘，走过时不免会摔跤。有的人说："一千次跌倒，一千零一次爬起。"勇气可贵，值得赞扬。但并不是任何一次失败都意味着下一次的成功。一位学者总结自己的教学经验体会时，写下这样的话："诚然，失败乃成功之母，但出自于同一种模式的第二次、第三次失败不能说不是一种悲哀。"

像小朋同学一样，每次失败都是因为同一个原因，自己却没有克服它的想法，难道下次就能成功吗？

我们先来看看伟人在这方面是怎样做的，毛泽东主席领导的革命道路是曲折不平的，也经历了严峻的考验，但是最终还是获得胜利。其原因是毛泽东主席及其领导下的革命队伍，在失败面前不低头，认真分析原因，总结教训，并没有在同一个地方摔倒过。

试想，如果失败后不认真分析原因，总结经验教训，怎么会不犯类似的错误呢？怎能取得成功？

人生之路坎坷不平，且布满荆棘。我们不怕跌倒，而怕出于同一种原因的跌倒。我们不怕跌倒，也不怕任何困难，只有认真记取教训，勇敢地向前行进，才有可能到达成功的彼岸。

为成功而前行，就像去一个遥远的圣地，道路崎岖而漫长，可你千万不能半路放弃。也许我们曾经有过这样的经历：你在等一个人，等得不耐烦就走了，你前脚走，他后脚到。事后，你又懊悔怎么没多等一会儿。同样，追求成功，却半路放弃，也许成功就在几步之外。

要想成功，机遇也很重要，虽然它在很大程度上带有随意性。可没有谁注定"天庭饱满"，也没有谁注定"总走背运"，只要脚踏实地，坚持不懈地努力追求，还是能改变这随机的概率。要知道，锲而不舍，金石可镂。

一个人要想成功，除了要依赖他的知识、能力以及机遇，还必须要求他具备一种优秀品格，那就是坚韧不拔的精神。

我们从小就受到名人的教育和感染。两耳失聪后仍旧坚持音乐创作并获得了巨大成功的"乐圣"贝多芬；年轻时穷困潦倒，却能坚持科学研究的"发明之王"爱迪生；在中国革命被旧势力疯狂镇压的千钧一发之际，勇敢挑起重担，率领中国人坚持革命，最终创造了新中国的人民领袖毛泽东——这些伟人都给我留下了深刻印象。他们使我知道：成功是来之不易的，成功是需要坚韧的品格的。从那时起，坚韧，就成了我所追求的品格。

在生活中，失败是不可避免的，关键是看你能不能把握自己，使自己的心理承受力逐渐增强。面对学习上的种种失败，生活中的种种不如意，我们可以痛苦，但不能失去信心。

再多走一步试试看

没有失败，只有放弃，不放弃就不会失败。获胜没有什么其他秘诀，唯一的秘诀就是自己的不断努力。

1948 年，牛津大学举办了一个"成功秘诀"讲座，邀请到了伟人丘吉尔做演讲。演讲开始之前，整个会堂就已挤满了各界人士，人们准备洗耳恭听这位大政治家、外交家、文学家的成功秘诀。终于丘吉尔在随从的陪同下走进了会场，会场上马上掌声雷动。丘吉尔走上讲台，脱下大衣交给随从，然后又摘下了帽子，用手势示意大家安静下来，说："我的成功秘诀有三个：第一是，决不放弃；第二是，决不、决不放弃；第三个是，决不、决不、决不能放弃！我的讲演结束了。"

说完后，丘吉尔便穿上大衣，戴上帽子离开了会场。

会场上陷入一片沉寂中。

但不一会儿，全场响起了雷鸣般的掌声。

坚守"永不放弃"的两个原则。第一个原则是，永不放弃，第二原则是当你想放弃时回头看第一个原则：永不放弃！

成功者与失败者并没有多大的区别，只不过是失败者走了九十九步，而成功者却多走了最后一步，即第一百步。失败者跌倒的次数比成功者多一次，成功者站起来的次数比失败者多一次。

当你走了一千步时，也有可能遭到失败，但成功却往往躲在拐角的后面，除非你拐了弯，否则你永远不可能成功。

往往有许多人对失败的结论下得太早，当遇到一点点挫折时就对自己的工作产生了怀疑，甚至半途而废，那前面的努力就都白费了。唯有经得起风雨及种种考验的人才是最后的胜利者。因此，如果不到最后关头就决不要放弃，永远相信：成功者不会放弃，放弃者不会成功！

不论面对什么情况，成功者都显示出创业的勇气和坚持下去的毅力。他们以一种大无畏的开拓精神，稳步前进在崭新的道路上，在困难面前泰然处之，坚定不移。

成功者和失败者都有自己的"白日梦"。不过，失败者常常是虽祈望得到名声和荣誉，却从不真正为此做任何事情，只好在想入非非中度过一生。成功者则注重实效。当他们决心把自己的希望和抱负变成现实的时候，即使在重重摔倒以后，总是有理由坚强地站起来，他们从来没有被暂时的挫折所击倒，而是勉励自己采取行动，向着目标奋勇攀登。成功者总是年复一年地致力于某件事，以求得一条最合理的最实际的前进之路。无论面对什么情况，成功者都显示出创业的勇气和坚持下去的毅力。他们以一种大无畏的开拓精神，稳步前进在崭新的道路上，在困难面前泰然处之，坚定不移。

成功者共有的一个重要的品质就是在失败和挫折面前，仍然充分相信自己的能力，而不是考虑别人可能会说什么。考察一下一些知名人物的早年生活，就会发现他们中的一些人曾痛苦地遭到老师和同事的阻拦和泼冷水，而反对的焦点却恰恰是后来他们出类拔萃的方面。人们断言他绝对办不成想干的事，或者说他根本不具备必要的条件。但他们不听这一套！坚定地按照自己的信念干下去。

伍迪·艾伦，奥斯卡最佳编剧、最佳制片人、最佳导演、最佳男演员金像奖获得者，在大学连英语也不及格。

马尔科姆·福布斯，世界最大的商业出版物之一——《福布斯杂志》的主编，却没能当上普林斯顿大学校刊编辑。利昂·尤利斯，作家、学者、哲学家，却曾三次没有通过中学的英文考试。

利文·尤里曼，两次被提名为奥斯卡金像奖最佳女演员的候选人，当年投考戏剧学院时，却没入选，主考人认为她没有表演才能。理查德·L·马尼博士，神经放射学专家，在医学院一年级时，神经解剖学不及格。……

滑雪教练员彼得·赛伯特首次透露他将开创一个新的项目时，大家都认为这简直是天方夜谭。站在科罗拉多大峡谷的一个山顶，赛怕特表述了那个从 12 岁就伴随他的梦想，开始向世人认为不可能的事情进行挑战。赛伯特的梦想——高台跳雪——现在已经成为现实。年轻的伊内蒂·比萨刚从按摩学校毕业后想在加利福尼亚州美丽的蒙特雷地区见习接诊。当地的按摩机构告知他，该地按摩师为数众多，但却没有那么多的病人。于是在 4 个月中，比萨每天用 10 个小时挨家挨户地毛遂自荐，上门服务。他总共敲响了 12500 扇门，和 6500 个人交谈并邀请他们到他未来的诊所就医。作为对他的毅力和诚挚的回报，在接诊的第一个月，他就医治了 233 名病人，并创下了当月收入 72000 美元的纪录。开张的第一年，可口可乐公司仅售出了 400 瓶可口可乐。

超级球星迈克尔·乔丹曾被所在的中学篮球队除名。

瓦尼·格林斯基 17 岁时是一名出色的运动员。他想从事足球或冰球以出人头地。他最初爱好冰球，但是当他努力训练时，他被告知体重不够。172 磅是标准体重，而他只有 120 多磅，会在冰场淘汰的。

赛拉·霍兹沃斯 10 岁时双目失明，但她却成为世界上著名的登山运动员。1981 年她登上了瑞纳雪峰。

瑞弗·约翰逊，十项全能的冠军，有一只脚先天畸形。赛乌斯博士的处女作《想想我在桑树街看到的》，曾被 27 个出版商拒绝。第二十八家出版社——文戈出版社，出版了该书并售出 600 万册。

里查德·贝奇只上了一年大学，之后接受喷气式战斗机飞行员的培训。20 个月后他羽翼初丰，却辞了职。后来他在一份航空杂志社任编辑，旋即破产。失败接踵而至。当他写出《美国佬生活中的海鸥》一书时，他仍然觉得前途未卜。书稿搁置 8 年之久——其间被 18 家出版社拒之门外。然而出版之后即被译成多国文字，销量达 700 万册。里查德·贝奇也因此成为享有世界声誉的受人尊重的作家。

作家威廉姆斯·肯尼迪曾著作多篇，但均遭出版商冷遇。直至他的《铁人》一书才一举成名。然而就是该书也曾被 13 家出版社拒之门外。

《心灵鸡汤》在海尔斯传播公司受理出版之前也曾遭 33 家出版社的拒绝。全纽约主要的出版商都说："书确实好得很。""但没有人爱读这么短的小故事。"然而现在《心灵鸡汤》系列在世界范围内售出了 1700 万册，并被移译成 20 种文字。

1935 年，《纽约先驱论坛报》发表的一篇书评把乔治·格斯文的经典之作《鲍盖与贝思》评论为"地道的激情的垃圾。"

1902 年，《亚特兰蒂克月刊》诗歌版编辑退还了一位 28 岁诗人的作品，退稿上写："我们的杂志容不下你如此热情洋溢的诗篇。"那个 28 岁的诗人叫罗伯特·普罗斯特。1889 年，罗迪亚德·开普林收到了圣佛朗西斯科考试中心的如下拒绝信："很遗憾，开普林先生，但你确实不懂得如何使用英语这种语言。"

当艾利斯·赫利还是一个尚未成名的文学青年时，在 4 年中他每周都能收到一封退稿信。后来艾利斯几欲停止写作《根》这部著作，并自暴自弃。如此 9 年，他感到自己壮志难酬，于是准备跳海，了其一生。当他站在船尾，看着波浪滔滔，正欲跳海，忽然他听到所有的先人都在呼唤："你要做你该做的，因为现在他们都在天国凝视着你，切毋放弃！你能胜任，我们期盼着你！"在以后的几周里，《根》的最后部分终于完成了。

约翰·班扬因其宗教观点而被关入贝德福监狱。在那里他写出《天路历程》；雷利爵士在身陷囹圄的 13 年中写出了《世界历史》；马丁·路德被羁押在瓦尔特堡时译出了《圣经》。托马斯·卡莱尔的《法兰西革命》一书的手稿被朋友的仆人不慎当成了引火之物，然而卡莱尔只是平静地从头又写出一部《法兰西革命》。

1962 年，4 名少女梦想开始专业歌手的生涯。她们先是在教堂中演唱并举办小型音乐会，后来灌制了一张唱片，但未获成功。接着又灌制一张唱片，但销路极差。第 3 张、第 4 张、第 5 张直至第 9 张唱片都未能走红。1964 年，她们因《侦探克拉克的表演》，而小有声名，但这张唱片也是订货寥寥，收支仅仅持平。那年年底，她们录制了《我们的爱要去何方》，结果荣登金曲排行榜榜首。黛安娜·罗丝及其"超级者"组合开始赢得国人的认可，引起乐坛轰动，声名鹊起。

温斯顿·邱吉尔被牛津大学和剑桥大学以其文科太差而拒之门外。

美国著名画家詹姆斯·惠斯勒曾因化学不及格而被西部军校开除。1905 年，艾尔伯特·爱因斯坦的博士论文在波恩大学未获通过，原因是论文离题而且充满奇思怪想。爱因斯坦感到沮丧，但这未能使他一蹶不振。

这些有名的成功者并没被挫折、失败吓倒，也没有听从别人好意然而却是消极的劝告。相反地，他们重新考虑那些权威们下的结论，并否定了这些结论。他们勇敢地冒险前进。大约二千年前，古希腊哲学家苏格拉底曾忠告我们：对于长期以来形成的思想方法和生活方式，在接受它们之前先予以重新思考，这是成熟的一个必备品质。成功者敢于向那些权威偶像、那些僵化的教条提出疑问。他们创造性的想象力和勇气给了他们自由，可以无所畏惧地开创新路，使自己达到更高的层次。他们不受那些他们的师长和朋友所盲目遵从的规范的束缚。

第九章
没有已经完成的事情，
世界上的一切事情待完成

人想要有所作为，就应该朝新的道路前进，不要跟随被踩烂了的成功之路。这个时候，你的兴趣和创造力是最珍贵的财富，你有这种能力，才能够把握生活最佳的时机，缔造伟大的成就。

兴趣是事业的原动力

　　我们无法保证，每天都是在干自己喜欢的工作，就算你有跳槽的本领，也不可能找到完全符合你兴趣的工作，而且，每一篇"求职者须知"都告诉你要适应工作，而不是让工作来适应你。因此，我们在面对自己不喜欢的工作时，也要保持一定的热情，让自己把工作与兴趣结合起来。

　　许多人认为，所谓工作，就是一个人为了赚取薪水而不得不做的事情。另一部分人对工作则抱着大不相同的见解，他们认为：工作是施展自己才能的载体，是锻炼自己的武器，是实现自我价值的工具。日本 M 电机公司的科长山田先生曾表示：之所以有的员工认为工作是为了赚取薪水而不得不做的事情，是由于他们都缺乏对工作的兴趣。同时，他以一种非常遗憾的口吻回忆了他自己年轻时候的教训：

　　山田先生从大学毕业进入 M 电机公司时，被派往财务科就职，做一些单调的记账工作。由于这份工作连中学或高中的毕业生都能胜任，山田先生觉得自己一个大学毕业生来做这种枯燥乏味的工作，实在是大材小用，于是他无法在工作上全力投入，加上山田先生大学时代成绩非常优异，因此，他更加轻视这份工作。因为他的疏忽，工作时常发生错误，遭到上司责骂。

　　山田先生认为，自己假如"当时能够不看轻这份工作，好好地学习自己并不专长的财务工作，便能从财务方面了解整个公司，这样一来，财务工作就会变得很有趣。"然而他由于自己轻蔑这份工作而致使学习的良机从手中流失，直到后来，财务仍是山田先生薄弱的环节。

　　由于山田先生对财务工作没有全力以赴，以至于被认为不适合做财务工作而被降至营业部门。但身为推销员，又必须周旋于激烈的销售竞争中，于是又陷入窘境，这对山田先生而言，又是一种不满。他不想做一个推销员才进入这家公司，他认为如果让他做企划方面的工作，一定能够充分发挥他的才能，但公司却让他做一个推销员而任人驱使，实在令人抬不起头。所以，他又非常轻视推销的工作，尽可能设法偷懒。因此，他只能达到一个营业部职员的最低的业绩标准。

现在回想起来，如果当时能够不轻视推销工作而全力以赴，山田先生就能够磨炼自己在人际关系上的应对进退能力，并能培养准确掌握对手心态的方法，而加以适当的经商辨别。然而，山田先生当时却一味敷衍了事，以至于后来仍对自己人际关系的能力没有自信，这对目前的山田先生而言，也是非常薄弱的一环。

山田先生因此而丧失身为一个推销员的资格，并被调至调查科。与过去的工作比较起来，似乎调查工作最适合山田先生。终于让山田先生遇到一份有意义的工作，而热爱并投身于此，因此才逐渐提升其工作绩效。

但由于在过去 5 年左右的时间，山田先生非常马虎的工作态度，使他的考核成绩非常不理想，当同期的伙伴都已晋升为科长时，只有他陷入被遗漏下来的窘境。

这对于山田先生是一个非常大的教训。过去公司所有指派的工作，对于山田先生而言，都各具意义。然而，由于山田先生只看到工作的缺点，以致无法了解这些工作乃是磨炼自己弱点的最佳机会，也就无法从工作中学习到经验而遗憾至今。

大多数的人未必一开始就能获得非常有意义的工作，或非常适合自己的工作。倒是有相当一部分的人，刚开始都被派做一些非常单调呆板和自认为毫无意义的工作，于是认为自己的工作枯燥无味或说公司一点都不能发现自己的才能，因而马虎行事，以至于无法从该工作中学到任何东西。

对待任何工作，正确的工作态度应是：耐心去做这些单调的工作，以培养出克己的心智。如果最初无法培养这种克己的心智，渐渐地便难以忍受呆板单调的工作，而一个又一个地调换工作场所，并慢慢地被调到条件差的工作岗位，而逐渐成为无用的人。

所以即便是单调且无趣的工作，也应该学习各种富有创意的方法，使该工作变得更为有趣且富有意义。

就上班族而言，最重要的是在年轻时代去体验各种工作，特别是去经历自己所不专长的工作，从而开拓自己所不能增长的能力。这是因为，无论是在财务方面所知有限，不善处理人际关系，还是缺乏经营观念或是技术不精等缺点，对一个上班族而言，都将导致难以大展宏图的困境。

做自己喜欢的事情

在选择职业时非常重要的一点是不要追随潮流，而要坚持自己内心的感觉，要凭自己内心的喜好来确定自己该干什么。因为往往你喜好的才能成为你擅长的，也才能做好它。

乌姆贝托像许多大学毕业生一样，茫然地迎接了大学毕业。他完全不能肯定自己究竟想干什么。他担任了一所小学的社会工作者的职位。由于他喜欢与人打交道，因此他对这个工作还算满意。在这之前，他作为家里的独子，处处受到呵护，接触面很狭窄，而这个工作却使他接触到了前所未知的众多生活层面，增长了阅历。但是，几年后，他对社会工作感到厌倦了。他认为自己有兴趣和才干，也有独创性和精力，应该把这些优势用在更有成就感的事业上。因此，他想找一个对他来说正确的职业。妻子也鼓励他立即辞掉工作，但他不愿意让她独自承担每月数目不小的生活开支。因此，他决定等确定真正兴趣后再更换工作，免得跳来跳去。后来，他终于明白自己最乐意做的就是款待客人。

他辞掉工作，成为一家快餐连锁店的职员。他的工资比原来掉下来一半还要多，但他的家庭已作好了节衣缩食以渡过暂时难关的打算。此后的 18 个月是乌姆贝托一生中最艰苦，然而却又最愉快的日子。他进步很快，终于成了连锁店中最大的一家零售店的经理。

获得经营餐饮业的经验后，他决定创办自己的事业，办起了一家有 20 名职工的"宫殿"餐厅。

几年后，"宫殿"成为当地一家颇有名气的餐厅。

我们认真地审视自己从事的工作，清楚地分析出自己为何要从事这项工作，而这项工作的终极目的何在。选择自己喜欢的事做，这样才能更好地发挥你的潜质和才能，我们都有体验，若是感兴趣的，我们会全身心地投入进去，而这正是成大事所必须要的状态。所以要时时弄清楚自己的定位，才能在工作及日常生活中获得极大的快乐，而这份快乐，也将为我们带来更多的朋友，更大的财富。

每个人都追求成功，那么你如何为"成功"下定义？很多人以为成功与否是由别人来评价的，实际上，你的成功与否只有你自己能做评判。绝对不要让其他人来定义你的成功，只有你能决定你要成为什么样的人、做什么事、拥只有你知道什么能使你满足、什么令你有成就。

我所能想到最接近成功的意义是"使命"，"使命"是你认为你与生俱来要成为的人、要做的事以及要拥有的一切。你的使命感和你的信仰、价值观密不可分。你必须扪心自问一个问题：我如何确定自己的存在？这个答案直接关系到你所拥的特质、能力、技巧、人格及天赋。

你首先应该知道的是：你是独特的、是绝无仅有的、是独一无二的，你有自己的个性、背景、观点、处世态度及人际关系，没有人可以取代你，也就是说你的存在绝对有无法取代的价值。你的使命终究还是要靠你自己来完成，它是你人生的目标，是独一无二、专属于你自己的。它值得你用全部的精神、力量去追求。

我们现在生活在一个为我们提供了无限机会的年代。这些选择的机会让我们达到极大的自由，但也同时给我们带来了困惑。有很多人抱怨不知道自己真正喜欢做什么。造成这种局面的原因是他们多年来压抑自己的愿望，忽略了自己的内在，他们总是急于模仿他人，却忘记了真实的自我。

这样不了解自己的人是不可能获得成功的。古语说："知人者智，知己者强。"如果你对自己想做什么非常清楚，你的愿望极端明确，那么使你成功的条件很快就会出现。遗憾的是对自己的愿望特别清楚的人并不是很多。你需要清楚地了解自己的雄心壮志和愿望，并使它们在你的内心逐渐明晰起来。

知道自己想做什么是成功的重要因素之一。许多人都经历过自我怀疑和不确定的时期，甚至有时走入了死胡同。要想改变这种状况，要做的是放松自己，退回到自己的内心世界，让你的思绪和想象力自由飞翔，回忆你在奋斗的道路上放弃的梦想；要知道这些梦想常常包含着人生真正职业的种子。把你的思想交给你的下意识，让它来帮助你找到你真正的愿望。

在选择职业时非常重要的一点是不要追随潮流，而要坚持自己内心的感觉，要凭自己内心的喜好来确定自己该干什么。因为往往你喜好的才能成为你擅长的，也才能做好它。

每个人都应该依靠自己所拥有的天赋生活。我们必须集中精力于那些我们力所能及、我们拥有以及理解的事物。遗憾的是，很多人倾向于更多地去关注那些无力做到的事物，或者不能拥有的事物，或者自己所不理解的事物。所以很多人工作勤奋却奋斗多年也无法取得成功。

我们每个人都各有所长和所短。很多人将精力集中于自己的短处，以为在这里找到了他为何不成功的原因，因而他们把很多精力放在如何改正自己的缺点上。但他不知道，多数的短处完全不会影响我们的成功，"最好的玫瑰花不是那些长刺最少的，而是开花最绚丽的。"没有人仅仅因为他减少了他的弱点而变得富有，比这更重要的，是发扬你的长处。很多勤奋的人想的只是让自己成为一个没有缺点的人，他们不断鞭策自己，避免自己成为懒汉，让自己敬业，每天比别人工作的时间都长。他们以为这样就会离成功越来越近。但现实却往往让他们失望。因为他们忽视了更重要的一点，就是发现自己的长处，并最大程度地发扬它。

当你克服了一个弱点，你并不由此实现了什么，只是你不再有这个弱点，你没有因为这样而拥有更多的财富和成就。在发扬长处之前，你仍是平庸之辈。我们应该发扬长处，它让我们变得富有。

每个人都有其不可替代的特长，我们应该运用自己的创造力来创造自己的未来：我们要得到自己所向往的未来，必须按自己的特点塑造自己，充分发挥自己的才能。

或许，刚开始的时候，我们的确很难确定自己的目标。社会那么复杂，要在三百六十行中选出一个完全合乎自己理想和要求的工作的确不容易。因此，我们不妨实际去参与各种工作和职业，经验愈多，对自己的优势自然而然也就明了。

知彼知己，百战百胜。正确认识自己是面对人生和事业，解决一切问题的第一步。只有了解自己的优点，知道自己适合做什么，才能扬长避短，充分发挥自己的潜能。然而"知己"如同"知彼"一样，都不是容易的事。著名的作家贾平凹，曾深有感触地说："要发现自己并不容易，我是花了整整三年时间！"

人无全才，各有所长，亦各有所短。所谓了解自己的优点，就是要充分认识自己，扬长避短。

一般来说，在人的成功之路上，要想真正了解自己的优点与特点，则须从以下多方面进行全方位考虑：个人兴趣与特长；个人性格；个人能力。如果一个人能把所有精力都投入到自己的强项上，结果会怎样？他必然会有所建树。

任何工作的基本要求之一是要懂行。有人说"术业有专攻""隔行如隔山"。世上每一个行业都有其特殊的规律，一个人在这一行业中是内行，而在另一行业中却有可能是外行，你现在正打算做生意，或打算另辟项目，那么就应冷静地考虑一下，你对这个行当懂不懂，熟悉不熟悉。所谓的懂，并不是说你是家电行业的专家才经营家电，是作家才去写作，而是说，你作为经营者，起码要懂得市场发展趋势，懂得此行的来龙去脉。

常言道："男怕入错行，女怕嫁错郎"，而如今的社会，是所有的人都怕入错行。

随着时代进步，科技发展，社会劳动分工日趋精细，社会上的行业与职业的划分也越来越细。究竟要经营什么行业的生意为好？通常并不是凭人的主观愿望或兴趣所能决定的。就是说，并非一个人自己想干什么，就一定能干得了，还要考虑这个人本身的经验学识与财力，以及社会需求等条件。通常人们应该做的是：懂哪行干哪行，哪行有把握就干哪行，直到干好为止。

特长是一个人最熟悉、最擅长的某种技艺，它最容易表现一个人在某一方面的能力和才华。事实证明，能够发挥你的特长的事业是你最容易取得成功的事业。因此，当你选择了能够发挥你的最大特长的事业时，实际上就意味着你已经在创业的道路上步入了成功的开端。

将你的长处最大化

有人把潜能比作屹立在茫茫大海中的一座冰山，水上的部分即被作为已经发挥出来的智能，水下的部分则被比作为尚未开发的潜能。科学家证明，人脑的潜能几乎是无穷无尽的。

人们都渴望成功，那么，成功有无"秘诀"？实际上，任何成功者都不是天生的，成功的根本原因是开发了人的无穷无尽的潜能，只要你抱着积极心态去开发你的潜能，你就会有用不完的能量，你的能力就会越用越强。相反，如果你抱着消极心态，不去开发自己的潜能，那你只有叹息命运不公，并且越来越消极越来越无能！

每一个人的内部都有相当大的潜能。爱迪生曾经说："如果我们做出所有我们能做的事情，我们毫无疑问地会使我们自己大吃一惊。"

更进一步发挥我们的潜能，是抓住生活中更多机会的关键。那些真正饱受不幸的童年、坏运气、病痛、贫困和缺乏正规教育之苦的人，都已经变得非常成功了。然而那些一帆风顺、家境良好、童年幸福、教育优越、财力充足和身体健康的人，却令人难以置信地把他们的生活搞得一团糟。

不幸的是，心理学家指出，大部分人根本谈不上启动了他们的全部潜能，实际上，大部分人甚至不了解自己的潜能。这势必会妨碍我们从生活中得到自己想要的东西。

潜能是蕴含在一个心智健全的社会人的智能"仓库"中的还没有被开发出的能力总和。也可以界定为：潜能是储存在一个人身上的尚未被释放出来的各类能量。

美国当代著名潜能理论研究专家安东尼·罗宾认为：大自然赐给每个人以巨大的潜能，但由于没有进行各种智力训练，每个人的潜能从没有得到淋漓尽致的发挥。并非大多数人命里注定不能成为爱因斯坦式的人物，任何一个平凡的人都可以成就一番惊天动地的伟业。

例如大科学家爱因斯坦是举世公认的 20 世纪科学巨匠。在他上小学时，曾被校方认为智力低下而勒令退学。他去世后，科学家对他的大脑进行研究，结果表明，他的大脑无论是体积、重量、构造或细胞组织、与同龄的其他任何人一样，没有区别。

这充分说明爱因斯坦成功的"秘诀"并不在于他的大脑与众不同，而是他充分发挥出了自己大脑与生俱来的潜能。

爱迪生小时候曾被学校教师认为愚笨而失去了在正规学校接受教育的机会。可是，他在母亲的帮助下，经过耐心的独特的心脑潜能的开发，居然成为世界上最著名的发明家，一生完成 2000 多种发明创造。他在留声机、电灯、电话、有声电影等许多项目上的开创性的发明，从根本上提高了人类生活的质量。

科学家发现，人类储存在脑内的能量大得惊人，人们通常只发挥了极小部分的大脑功能。如果人类能够发挥一半的大脑功能，那就会出现令人吃惊的奇迹：可以轻而易举地学会 40 种语言；背诵整本百科全书；能拿到 12 个博士学位。

一个人的大脑能容纳多少知识呢？据专家们研究，除了功能有缺陷的人之外，人的大脑中能储藏的各种知识，将相当于美国国会图书馆藏书的 50 倍。人类的大脑是世界上最复杂，也是效率最高的信息处理系统。

近代的科学家认为，人在自己的一生中，仅仅运用了人脑能力的 10%；也就是说，还有 90% 的人脑潜能白白浪费了。而最新的研究更进一步指出，以前人们对大脑的潜能估计太低，我们根本没有运用人脑能力的 10%，甚至连 1% 也不到，因而可以毫不夸张地说，人脑的潜能几乎是无穷无尽的。

那么我们该怎样释放自己的潜能呢？以下是几种行之有效又简单的方法。

暗示是释放人性潜能的重要手段。暗示会产生强烈的心理定势，并引导潜在动机产生行为。积极的带有成功意识的暗示会让你较少利用意志力，在自发心理中实现自己的目标。

在学习自我暗示时，要牢记五大原则：

1. 简洁：你默念的句子要简单有力，比如"我挣了越来越多的钱"等等。

2. 积极：这一点极为重要。如果你说"穷"，这种消极的语言会将"贫穷"的观念印在你的潜意识中。因此，你要正面地说："我越来越富有。"

3. 信念：你的句子要有"可行性"，以避免与心理产生矛盾与抗拒。如果你觉得"我会在今年内挣到 100 万"是不太可能的话，选择一个你能够接受的数目。例如："我今年之内会挣到 50 万元或 30 万元。"

4. 想象：默诵或朗诵自己定下的语句时，要在脑海里清晰地形成意象。有一句话说得好："你永远不会致富，除非你能够在脑海中见到自己富有的模样。"

5. 感情：想象自己健康，你要有浑身是劲的感觉；想象自己成功，你要有丰盛的人生的感受。拿破仑·希尔博士也指出："当你朗诵（或默诵）你的语句时……要把感情灌注进去……否则朗诵是不会有结果的，你的潜意识是依靠思想和感受的协调去运作的。"

此外潜能受压抑的人经常沉溺在自我批评中，不管做出多么简单的举动，事后他都会对自己说："我真不该这样做。"他们常常在说完一句话之后，立刻对自己说："也许我不该这么说，也许别人会有错误的理解。"心理学家奉劝每一位受压抑的人再也不要这样折磨自己。因为有意识的自我批评、自我分析和反省虽然也是必要的，但是作为一种经常不断的、每日每时都进行的自我猜测或者对过去行为的无休止的分析，最终只能导致你行动的失败。要注意这一类的自我批评和自我责备，要使它们立即停止下来。

受压抑的人说话声音明显细小，表现得信心不足，尽量提高你的音量，但不必对别人大声喊叫或使用愤怒的声调，只要有意识地使声音比平时稍大就行。大声谈话本身就是解除压抑的有效方法，它可以调动起全身 15% 的力量，使人能比在压抑状况下举起更大的重量。科学实验对此的解释是，大声叫喊能解除压抑——能调动全部潜能，包括那些受到阻碍和压抑的潜能。

受压抑的个性既害怕表现坏的情感，也害怕表现好的情感。如果他表示爱情，就担心别人说他自作多情；如果表示友谊，又怕被当作阿谀奉承；如果称赞某人，又怕人家把这当作虚伪逢迎，或者怀疑他别有用心。正确的做法应当完全不必考虑这些否定的反馈信号，你不妨每天至少夸奖三个人，如果喜欢某人干的事、穿的衣服或说的话，你就让他知道。

变是唯一的不变

万物皆变，每一个变化都是一种机遇。今天新增一条产品线，明天拿掉一条，在风雨变幻的现代市场是再正常不过的事情了。崇尚速度、追求变化已经成了现代企业的通用成功之道。

万事万物都在不断变化，不停发展，永恒动态的。或许我们现在的做事方式最适合现在的情况。但是聪明的人总是走一步想两步看三步，而不是死守眼前，鼠目寸光。他们总是在前进的过程中不断调整自己的思路，修改自己的计划，甚至脱胎换骨，即使失去一部分眼前利益，也是在所不惜的。要想赢得成功，必须紧追时代，与时俱进，不断变化，谋求在变化的过程中，适应未来，更加通达。

今天新增一条产品线，明天拿掉一条，在风雨变幻的现代市场是再正常不过的事情了。长城进军笔记本电脑事件，就是一个例子。长城进军笔记本电脑，其实是肩负着整个长城集团品牌中兴的使命，通过进军笔记本电脑，长城逐渐勾勒出了一幅长城集团品牌中兴的画面。

一直以来，长城被业内人士尊称为"世家大族"。世家是指长城有着辉煌的历史。大族是指长城现有的规模与制造实力。体现在：规模方面，长城旗下拥有1家H股上市公司和3家A股上市公司（长城科技、长城电脑、深科技、湘计算机），全资子公司14家、控股公司12家，参股公司11家；是国内最大的多元信息产品制造商和OEM供应商；实力方面，长城具有超强的制造能力，是国内最大的IT产品制造基地。长城国际一直负责IBM台式PC和笔记本电脑的生产，长城显示器为IBM、DELL等提供OEM供应，国内众多品牌PC和DIY市场大量使用长城电源，长城还是全球最大的硬盘盘片生产商。

但是长期以来，制造业和长城宽带等业务项，一直隐藏在品牌宣传的后台。整个长城脸面一直由PC来支撑，随着PC业绩的下滑以及与神州数码合作，整个长城品牌急需新的内涵支撑最近以来长城正在加紧调整整个品牌形象，长城宽带、笔记本、服务器，以及制造业等等业务将逐步走向前台，共同支撑集团品牌。而从深层意义上考虑，笔记本业务将成为未来支撑品牌的一大重点。首先从长城重振雄风另寻他途来看，最好与原来的 PC 业务有很高的关联性，这样在品牌上可以自然延伸，同时可以利用长城集团原有的优势与资源，笔记本也是最佳选择。此外提高品牌知名度最好的手段是加强消费市场的宣传，而笔记本业务则是当前长城未来最有可能征战消费市场的主要业务线。

制造上的优势是长城区别于其他 PC 厂商的关键，也是保证"大反攻"胜利的基础。长城这些年来一直坚持发展制造业，无论是科技的开发，长城电脑的研制，还是和国外一些企业合作，始终都朝这一方向努力，并取得了一些成绩。但是长城制造业同样需要进一步加强，以保持或不断扩大优势。首先在制造业，产能说明一切，因为对于代工制造商产量越大相对成本越低。而自己推出笔记本电脑业务，不但可以带来业务线收入，而且可以在一定范围内提高长城国际的制造规模问题。据长城电脑笔记本电脑事业部相关人员表示，长城笔记本电脑将主要采取元器件自己采购，长城国际组装的方式来运作，日后还将进一步加强自己制造的比例。

尽管神州数码成为了长城 PC 唯一的总代理，但业内人士一直在讨论这桩婚姻的未来。长城会不会日后接回 PC 业务？神州数码日后会不会抛弃长城自起炉灶？其实这种种猜测从侧面印证着 IT 行业的多变特性。拥有属于自己的强有力的渠道则是长城笔记本电脑迅速崛起的根本保障。据长城电脑笔记本电脑事业部相关人员表示：在事业部未来三年的规划中，第一步切入具有很强行业销售能力的行业笔记本市场；第二步通过长城产品特性切入以高性能、高品质、高可靠性为代表的"三高"商务笔记本市场；第三步最终要突入大众 IT 消费市场，实现量上的根本提升，成为国内笔记本三甲供应商。

笔记本业务第一步做好行业销售，而当前长城 PC 的行业销售依然掌握在长城自己手中，在这一阶段，PC 对笔记本发展将会有所帮助。而在第一步进行的同时，长城笔记本将加强第二步建设，即组建商务渠道。第三步则是组建家用或者大众渠道。后两步则有望帮助 PC 业务的发展。虽然从形式上看笔记本渠道和台式机渠道不尽相同，但是两者之间仍有其共通性。从这一点来看，无疑笔记本电脑发展起完善的消费渠道，未来将能大大增加长城方面就 PC 业务与神州数码继续合作的砝码。

崇尚速度、追求变化也是康柏电脑公司总裁艾克哈得·普菲福尔的成功之道。1991 年他接任康柏总裁后，三年内把康柏的利润翻了 5 倍：从 33 亿美元跃升到 148 亿美元，领全球 PC 风骚。从 1991—1996 年把康柏逐渐变成采用标准部件生产 PC 电脑的最大厂商。他的经营理念或许能够留给我们一些思考。

尽管华尔街的分析家一直担心市场需求不旺会加剧 PC 市场的降价拼杀，从而影响电脑业的整体发展。但普菲福尔终于没让投资者们失望，许多电脑公司在市场重压下只能苟延残喘，甚至关门大吉，而康柏市场仍然是如火如荼，走势火爆。据 Sound View 金融集团的股市分析家约翰·麦氏威尔估计：康柏的生产利润已达 9%，远远高出了其他 PC 厂商，这个数字比紧随其后的 Gateway 2000 还高出两个百分点。康柏以 36% 的市场份额独霸利润最高的服务器市场，而号称"蓝色巨人"的 IBM 在服务器市场只取得了 14% 的占有率。1995 年，IBM 的服务器销售额持续下滑。而康柏仍然稳步攀升大行其道。

康柏已远不只是一家单一的 PC 制造厂商。当对手们纷纷落马时，普菲福尔以破釜沉舟之势勇保康柏大旗不倒。目前康柏已把视线转移到构建大型网络体系上。它一方面继续扩展 PC 和服务器市场，另一方面投入大量资金开发配套的网络管理软件。普菲福尔的最终目标是把网络的每个角落都布满康柏的触角。他甚至与玩具制造商 Fisher Price 合作发展了一套 Wonder Tools 儿童软件，这标志着普菲福尔已逐步开始实施"软硬"配套的战略构想。

普菲福尔深知眼前的利益都只不过是冰山一角。康柏正逐渐成为采用标准部件生产 PC 电脑的最大厂商。它的电脑装配有 Windows 操作系统和 Intel 芯片。从便携式电脑到多功能服务器，康柏使用的 Wintel 结构平台一夜风靡了所有电脑市场。普菲福尔十分肯定地说："我看到了康柏 PC 的巨大潜力，这种趋势无人能够阻挡。"

上班时，当康柏员工从后视镜中看到普菲福尔那辆飞驰的保时捷时，他们会主动让出道来，让普菲福尔开到最前面，然后他们会紧随其后。只要有普菲福尔在，没有警察会找他们的麻烦。事实上，17000 名康柏人都在紧随普菲福尔的步伐。康柏崇尚速度——高速的利润增长，高速的市场扩张，高速地扩展业务，高速地生产电脑。

"变化"已成了康柏人永恒的话题。主管生产运作的格拉格·佩奇说，他一直在着手改进原材料处理的传统模式，与供应商一起组织新产品的研制开发，他已在尽力规范休斯敦、新加坡和苏格兰分厂的工艺流程。"当我初到康柏时，我不喜欢经常'变化'，但现在我发觉我的生活不能没有'变化'，我对目前的生产流程并不满意，我想改变整个生产模式。"分管商约翰·罗斯是用桌面 PC 的数字化技术方面的专家，他说："在康柏没有一成不变的东西，我们不认为 1995 年使我们赚钱的方法在 1996 年还会奏效。环境在不断改变，所以你也得不断革新和创造——不单是指产品而是指你生活的每一个方面。"

其实，世界上没有一样东西是没有变化的。墨守成规，等待你的只有失去机遇，失去活力，最终失去你自己。要想永远立于不败之地，你就得适应形势，在不断变化的时代中不断更新自己的观念，顺应时代潮流。因为只有首先顺应它，你才可能引领它。

持续领先在于不断创新

安然天然气公司的基恩说："创新是维持一家公司竞争优势的关键所在，你如果在这方面干得漂亮，就能在其他领域里获得成功。如果创新精神没有植根于企业并深入每个雇员的心中，你又怎能指望把它调动起来呢？"

前些年，看到《中国财富》上有这样一段话，印象很深刻：全美最受赞赏的公司排行榜是根据什么做出来的？第一是创新，第二是创新，第三还是创新。可见全美各大企业、大公司取得成功，是因为他们没有停止，而是不断创造，不断开拓。

看来，要想保住领先位置，关键在于不断创新。

当年《财富》杂志评价全美最受赞赏的公司排行榜的九大标准是：管理质量；产品和服务质量；创新精神；长期投资价值；财务实力；吸引、培养和留住人才的能力；社会责任感；公司资产使用状况；以及对全球业务的反应敏锐程度。其对创新的地位进一步给予提高。

"我们今次在评估标准上有所调整，"当年负责全球评估工作的海氏咨询集团全球部总经理维基·赖特（Vicky Wright）说，"那就是着重评估各公司的前瞻能力。在这一年，旧经济型公司的股票价格没有重大表现，能经受住新、旧经济风暴双重考验的公司会兴旺发达起来。"

现已经破产的安然公司在 2000 年曾经无限风光。当时，没有一家公司能像安然天然气公司那样引人瞩目地体现出创新精神的改造力量。在过去的十年当中，安然天然气公司在创建——随后则是主宰——新业务方面做出的努力，使它从一个身价只有两亿美元的旧经济型管道运输公司变成了一家价值 400 亿美元的新经济型大商行。1985 年，安然天然气公司看到了政府取消天然气管制后带来的机遇，着手将天然气作为商品进行买卖。随后又开辟了交易电力、纸浆、纸张——甚至宽带的新市场。安然天然气公司全球市场部首席经营官杰夫·申克曼（Jeff Shenkman）把创建前沿市场的成功归功于公司的文化。"公司大力推行向传统观念发起挑战，"他说，"我们现在处理业务的方法肯定会不同于六个月后的做法。"例如，安然天然气公司伦敦分公司的一位交易员路易丝·基钦（Louise Kitchen）能够吸引350人参加一个在网上开展公司天然气交易业务的项目——而上一级的管理部门却对此毫不知晓。1999年11月开通的安然天然气在线公司已累计实现了1290亿美元的交易额，成为世界上最大的电子商务网站之一。"我们没有等到董事长说需要有一个电子商务战略之后才开始动手，"安然网络业务执行副总裁史蒂夫·基恩（Steve Kean）说，"一个想法优劣与否，取决于有多少雇员支持它——而不是由上级部门决定的。所谓好主意，就是那些能吸引其所需资源、从而得到充分发挥的主意。"

通过把同样的创造性思维运用到金融服务业——该行业在传统意义上并非创新思想的温床——嘉信理财公司对这一行业实现了改造。该公司创始人查尔斯·施瓦布（Charles Schwab）在1974年用自己的名字成立它之后，成为提供自由开设个人退休金帐户服务（IRA，1982年）、引进软件交易产品（1985年）和开展网上证券交易业务（1996年）的第一人。使该公司得以坐上证券经纪业第一把交椅的正是那些源源不断的创意，施瓦布则把这一点归功于自己不计较错误的做法——在公司内部，这种错误被昵称为"光荣的失败"。"为了鼓励大家出主意，你就得容忍许多荒唐的想法，"施瓦布说，"如果你对那些不合适的主意拒之门外，有好主意的人也不会来找你了。况且，要是50%的主意能行得通，那就相当不错了。"

在高科技领域，结构复杂的大型企业很难像规模较小的竞争对手那样快速地实现创新。思科系统公司找到了一个解决这一难题的方法：把对手买下来。过去五年里，这家总部设在硅谷的公司并购了60多家企业。这一战略的效果似乎一直不错：思科公司已经把自己建设成了一家全球身价最高——而且是最受赞赏——的公司之一。问题是，怎样才能把众多的企业文化统一到自己的文化之中？思科公司的答案是，建立当今最全面的公司内部交流网络，从而将其专门技术和知识组成一个内向型的网络公司。"我们能随时随地检查公司接受订货的情况、产品构成、毛利润等几乎所有的衡量标准，"思科公司执行副总裁、全球业务主管加里·戴钦特（Gary Daichendt）说，"说实话，我们可以在 24 小时之内结清账目。这并不意味我们很少有令华尔街感到意外的地方，而是说，我们的雇员随时都能获得公司所有的信息。"思科公司首席执行官约翰·钱伯斯（John Chambers）说，出色的内部交流系统还能使公司迅速根据市场变化做出调整。"获得成功后的技术公司或电信公司之所以遇到麻烦，是因为它离自己的客户或雇员太远，"钱伯斯说，"我是从 IBM 和王安电脑公司的惨痛教训中认识到一点的。"在钱伯斯看来，思科公司的高级管理人员、普通雇员以及客户之间经常交流，还能使公司尽可能少地错过市场上的重要转变机会。"不过，假如我们确实错过了一个市场转变机会，"他说，"我们总能通过并购打入那一领域。"

与思科公司的做法恰成对照的是，芬兰的诺基亚公司选择的是走内部创新的路子。一说起这家公司，大多数人会联想到它生产的时髦的移动电话，但是当初它却是以造纸起家的。从那以后，它曾涉足橡胶、电缆和电子产品，最后在 1992 年撤出了在旧经济行业的投资，全力以赴从事电信业。"诺基亚公司在接受革新和变化方面有着悠久的历史，"该公司首席执行官约尔马·奥利拉（Jorma Ollila）说，"这一点已经融入我们的基因之中。再说，破旧才能立新嘛。"事情就像他说的那么简单，不接受变革已经导致了许多公司的衰亡。在 1921 年联手创立赫尔辛基证券交易所的 12 家芬兰公司（包括诺基亚在内）当中，如今只剩下诺基亚公司一家了。

创新就是竞争力，而且是核心竞争力。入选明星公司排行榜的公司无一不认识到创新的重要性，从而获得了企业在同行业的领先地位。在面对国际国内两大市场的竞争中，只有不断提升企业的创造能力，用崭新的视角，用宽阔的国际视野去了解分析周遭的环境，才能居高思危，从战略的高度把握企业整体价值的经营目标，迎接时代挑战，在竞争中求生存、求发展。

做第一个吃螃蟹的人

在激烈的竞争中，慢一分钟就可能落后。若能先洞察先机，抢先一步，就可以捷足先登，获得成功。抢在别人前头，就如同战斗中占领了制高点，自然主动在握，胜算在握……

做第一个吃螃蟹的人，是非常艰难的。但是，要做好一个成功者，一定要如此训练自己。你必须要具备凭现状来判断未来趋势的能力；现在是零，将来可能就是无限的。

五十年前，松下助之觉得小型马达很有前途，便和下属商量，他们都表示赞成，于是创立了马达制造厂。

发表这个消息时，前来采访的新闻记者问松下："贵公司靠灯头成功，真是可喜可贺。但是，马达不像灯头那么简单，是正式的工业。不但技术、销售困难，而且已有厂商在做。你们现在才着手，会成功吗？"

松下反问他们："谢谢各位的关心。请问各位家里，有没有使用小型马达？"结果，在场大约十位记者，都说没有。于是松下接着说下去："各位想一想，像你们受过高等教育的人，家里居然没有使用小型马达，实在令人惊讶。使用小型马达，是一种必然趋势，将来，各位家里一定也会用到。必须装配小型马达的商品，会相继问世。目前虽是零，将来的需要量是无限的。因此生产小型马达，是松下电器公司今后的方针，是否能成功，可想而知了。"

事实证明松下当初的想法没有错。马达已成为每个家庭必备的用品之一。

可见，有先见之明，且大胆实践是何等的重要。很大程度上，是它为你不断赢得先机。

你现在要做的，不断创造新的方式，做第一个吃螃蟹的人，来引领时代。

在一切都不断地激烈变化的今天，如果始终保持一种作风，一种风格，必定会落伍。随时适应时代的变迁，是现代人应有的一种方式。比如企业，要想进一步地领先时代，创造新时代，就要敢于冒险，敢于做前人所未做的事情。我们必须选择其中之一，否则即使能够生存，也不可能期待再成长。

现代的企业，还是应该把目标放在"创造新时代的经营方式"上，比较重要。

现代的经营者，必须是一位"经世家"。也就是说，如果经营者每天都很认真地工作，那么对于自己的生意或经营，自然有"希望这样做，但愿会这样"之类的期望或理想。

当然，经营者不能缺乏察知一年或三年后社会趋势的所谓"先见之明"。但在变化激烈的当今社会，预料的事未必会实现。因此，除了具备"先见之明"外，还得有自己的抱负，并设法实现。

不过，如果过分被"我想这样做，应该做得到"这种想法局限，反而会失败。因此，必须随时以现实的态度，虚心地观察事物，一步一步确定地去做。而在今天这种激烈变化的时代，更不可缺乏自己去创造时代的积极态度。

现代商界的竞争，越来越表面化、白热化，近似于战争中的肉搏战。竞争的结果，当然是有的企业生存下来了，有的则残败退阵。这样残酷的竞争无处不在，无时不在。如何在竞争中生存下来，是每一个经营者都必须研讨、对付的课题。如何在竞争中立于不败之地呢？如果是正常的竞争，在此情形下，不败的方法只有一个，就是快，前进要比别人快，撤退也要比别人快；新产品的推出要快，做出的反应也要快……如此方可战尽机先，抢先一步，捷足先登。

有的竞争者败了下来，是由于他们未能及时推出新产品。就在他们还在为自己刚开发生产出来的产品沾沾自喜时，别的厂家生产的新产品面市了，这种产品无论品质还是价格都优于老产品，结果就不言而喻了。松下公司生产收音机时，就有过这样的情形：当他们设计制成真空管收音机时，很是风光了一阵子；不想，一年半以后，别家更优秀的晶体管收音机面市了，松下电器生产真空管的流水线只好撤掉。像这样的情形，进入八九十年代以来，频率更快了，产品的更新有时候都在当年当季进行。如此快速的节奏，经营者如果不那么敏捷，慢了半拍，就会被甩到交响乐之外。因此，松下说："当同业推出什么新产品时，我们就要在同一瞬时推出更新的产品，否则就会成为失败者。"

不要忽视技术的力量

据说满族人不吃狗肉是因为狗救过满族人的祖先——努尔哈赤。但黄土高原上的一些汉族人也不吃狗肉，这是为什么呢？当地人说狗肉不好吃，于是从来不吃。他们也不爱吃鱼。为什么？问题就出在吃的"技术"上。原来此地人弄到鱼，直接把鱼放在白开水里煮，有的还放在小米粥里煮（而且煮时连鱼肚子也不削开）。原来这里的人不吃鱼和狗肉不仅是由于一种积习，更主要的是因为吃法不高明。

对于每一个人来说，做事掌握方法要领非常必要，而几乎任何事情也都存在技术方法问题。任何一个科技人才、文学艺术人才从事任何一项创造活动，都不能离开研究方法和创造技法。巴甫洛夫说，科学是随着研究法所获得的成就而前进的。人类的进步和进化，不得不依赖方法和技法上的创新和突破。因此，把握机遇不得不考虑技术上的突破。

读过数学的人都懂得古希腊数学家欧几里得写了一部名著《几何原理》。他首先选出少数原始概念和几何命题，作为无须证明的定义、公理和公设，然后，以它们作前提，通过演绎推理导出一系列定理，从而建立起世界上第一个完整的几何理论体系。这部典籍问世以来，据说销路之大超过《圣经》，影响之广遍及全球。然而，后来的数学家发现，其中的"第五公设"即"过平面上直线外一点能作且只能作一直线与已知直线平行"，并不像其他公理公设那样不证自明，也根本无法在实践中得到印证。从公元前 3 世纪开始，有不少人进行该项证明工作，但由于证明方法不对头，犯了"循环论证"的错误，因此 2000 多年来许多富有才华的人耗尽心力，却全无报酬。19 世纪初期，匈牙利数学家法·鲍耶也为此耗尽了毕生的精力。他心灰意冷，思想变得极度保守。他的儿子小鲍耶从小酷爱数学，当他 1320 年考入维也纳工程学院时，下决心要证明"第五公设"。老鲍耶获悉此事，鉴于自己和历史上许多学者的失败教训，告诫儿子："希望你放弃这个问题……因为它也会剥夺你的生活的一切时间、健康、休息，一切幸福。"

小鲍耶并没有听从父亲的忠告，他怀着大无畏的气概，决心在技术方法上突破。他毅然放弃前人的证明方法，另用归谬法：假设过平面上直线外一点可以作两条以上的直线与已知直线平行。如果由此推出和其他公理公设相矛盾的结论，引出谬误，那么就可以看作用其他公理公设证明所谓"第五公设"只是定理而不是公设。然而结果是由它推出一系列定理，并没有和欧氏其他的公理、公设发生矛盾。小鲍耶由此开辟了非欧几何的新天地，成了非欧几何学的创始人之一。

老少鲍耶两代人的经历发人深省。研究科学的技术和方法对科学的发现具有极端的重要性。由于技术的突破而带来的科学发现之机遇历来受到大学者的重视和强调。法国数学家拉普拉斯说："认识一位天才的研究方法，对于科学的进步……并不比发现本身更少用处。科学研究的方法经常是极富兴趣的部分。"

爱因斯坦曾高度评价伽俐略将实验和数学方法结合在一起的"科研"功劳，说："伽俐略的发现以及他所应用的科学推理方法是人类思想史上最伟大的成就之一，而且标志着物理学的真正开端。"苏联学者萨奇柯夫在1981年著的《思维方式和研究方法》中引用了马克思的话："各种经济时代的区别，不是生产什么，而是怎样生产，用什么劳动资料生产。"

特别在当今时代，情况复杂，领域宽广，对手云集，竞争激励，要想引领时代、取得成功，方法和技术尤为重要。如，1957年苏联将第一颗人造卫星送上天，取得了空间科学技术发展的领先地位。而当时美国也具备了送火箭上天的物质条件，为何却暂时落后？重要的原因之一就在技术方面——苏联的科学家首先想到了将一个大火箭改为上下两级串连这一巧妙的技术性问题。

学习他人，学习科学方法比学习已有知识更重要。从事创造性的劳动，在获得资料等准备工作之后，势必面临不能不考虑的新的技术性问题、方法问题。爱因斯坦十分欣赏这样一句名言"对真理的追求要比对真理的占有更为可贵。"这里"对真理占有"就是指掌握书本知识，而"对真理的追求"则指探寻新的科学知识以及探寻的方法、技术。

　　同样我们可以炮制一句相似的话：对方法的追求远比对财富的追求更为难得。当我们拥有了先进的思维方式，拥有了先进的科学技术，我们其实就拥有了财富。

第十章

每天进步一点点，才能成就更好的自己

成功来源于诸多要素的集合叠加，比如：每天行动比昨天多一点点，每天效率比昨天高一点点；每天方法比昨天的多找一点点……每天进步一点点，假以时日，我们的明天与昨天相比将会有天壤之别。

一点点放大，一点点进步

日本企业所生产的产品向来以品质卓越著称，不论是电子产品、家用电器、汽车等，他们的产品品牌在世界上是属于一流的。

日本人对于品质有如此高的重视，主要归功于一位美国的品质大师戴明博士。

第二次世界大战结束后，戴明博士应日本企业邀请，重振日本经济。戴明博士到了日本之后，对日本企业界提出"品质第一"的倡议。他告诉日本企业界，要想使自己的产品畅销全世界，在产品品质上一定要持续不断地进步。

戴明博士认为产品品质不仅要符合标准，还要无止境地每天进步一点点。当时有不少美国人认为戴明博士的理论很可笑，但日本人完全照做。果然，今天日本企业的产品在世界上取得了辉煌成就。

福特汽车公司一年亏损数 10 亿美元时，他们请戴明博士回来演讲，戴明仍然强调企业要在品质上每天进步一点点，只有通过持续不断地进步，才可以使企业起死回生重振雄风。

结果，福特汽车照此法则贯彻 3 年之后，便转亏为盈，一年净赚 60 亿美金。

前洛杉矶湖人队的教练派特·雷利在湖人队最低潮时，告诉 12 名球队的队员说："今年我们只要每人比去年进步 1% 就好，有没有问题？"球员一听："才 1%，太容易了！"于是，在罚球、抢篮板、助攻、抄截、防守一共五方面都各进步了 1%，结果那一年湖人队居然得了冠军，而且是最容易的一年。

有人问教练，为什么这么容易得到冠军呢？

教练说："每个人在五个方面各进步 1%，则为 5%，12 人一共 60%，一年进步 60% 的篮球队，你说能不得冠军吗？"

让自己每天进步 1%，只要你每天进步 1%，你就不担心自己不快速成长。

在每晚临睡前，不妨自我分析：今天我学到了什么？我有什么做错的事？今天我有什么做对的事？假如明天要得到我要的结果，有哪些错不能再犯？

反问完这些问题，你就比昨天进步了1%。无止境的进步，就是你人生不断卓越的基础。

你在人生中的各方面也应该照这个方法做，持续不断地每天进步1%，一年便进步了365%，长期下来，你一定会有一个高品质的人生。

不用一次大幅度的进步，一点点就够了。不要小看这一点点，每天小小的改变，会有大大的不同，很多人一生当中，连一点进步都不一定做得到。

人生的差别就在这一点点之间，如果你每天比别人差一点点，几年下来，就会差一大截。

如果你将这个信念用于自我成长上，100%的会有180度的大转变，除非你不去做。

要比第一名更努力

"努力"这两个字听起来好像令你不很愿意去做，但是并不能回避这两个字，因为成功的确需要努力。

全世界最伟大的篮球运动员迈克尔·乔丹在率领公牛队获得两次三连冠后，毅然决定退出篮坛，因为他已经得到世界上篮球运动史中最多的个人光荣纪录与团队纪录，甚至是 20 世纪最伟大的体坛运动员。在退休后，他说："我成功了！因为我比任何人都努力。"

乔丹不只比任何人都努力，在他已经是最顶尖的时候，他还比自己更努力，不断要突破自己的极限与纪录。

在公牛队练球的时候，他的练习时间比任何人都长，据说他除了睡觉时间之外，其余一天只休息两个小时，剩下时间全部练球。

有的篮球运动员经常在罚球的时候投不进球，于是，对手就不断运用策略在他身上犯规。如果他一天也像乔丹一样只休息两个小时，其余时间全部站在罚球线练球增加自己的准度，这样持续一年下来，他罚球的能力定会提高。

一个男孩考试总是班里的第一名，问他为什么会出现这样的结果，他说，我总是班里面最努力的一个人。第二名学习到晚上十点，我就学习到十二点。

在美国，有一个卖汽车的业务员总是在他们公司销售成绩上排名第一，有人问他："你为什么总是第一名？"他回答说："因为我每个月都设法比第二名多卖一台车子。"这么简单的一个方法，这样简单的一句回答告诉了我们一个简单的成功道理——永远比第一名还要更努力。

是的，"努力"这两个字听起来好像令你不很愿意去做，但是并不能回避这两个字，因为成功的确需要努力。看看这个世界上的成功人士，他们努不努力？世界首富比尔盖茨工作努不努力？与他工作的人说他简直是工作狂。

当然，我不是希望我们所有人都成为工作狂，但是努力是我们成功的前提。有了努力，就会有精彩的表现。

请你努力做一切能帮你成功的事！努力找寻成功的方法，努力学习，努力采取行动！你要比你的竞争对手还努力，比任何人都努力，比第一名还努力，你就一定会成功。你的表现将会更加精彩。

每天想象自己从零开始

做一个成功者，有一个必不可少的条件——就是要有开拓创新的精神。重复别人的事情，走别人的老路，在眼前或许能够取得一点点成绩，但是走不了多远的。

"勇于开拓，不断创新"，是你人生和事业取得成功的最基本的要求。

要想获得成功，你必须是一个事业的开拓者。你有你的思考，有你的想法，有你的方法，有你的领域。现代社会，需要开拓创新的精神，这与企业的生存密切相关。没有竞争就没有生存，而要竞争就要不断创新。

2003 年 8 月 23 日，拥有 15 年掌上电脑生产制造经验的权智集团与国内最大的外语培训机构之一新东方学校联合宣布，共同进军掌上英语教育产品市场，并推出 4 款快译通新东方系列掌上电脑及电子词典。快译通与新东方这两大著名品牌的联姻，对于其中的任何一方，无疑都是一个领域的拓展，也为正在升温的外语教育培训和电子词典市场带来一股强大的冲击波。

随着中国加入 WTO 和北京申奥成功，越来越多的中国人更加注重英语学习。据统计，我国约有 2.5 亿的英语学习者，并且每年还以约 2000 万人的速度增长。作为英语学习的有力工具，电子词典市场也在逐步升温。2001 年，我国电子词典的销售额为 11 亿元，2002 年为 15 亿元，2003 年，预计市场规模将突破 20 亿元。

这就是商机。

电子词典的巨大市场引来了各厂商的激烈竞争，包括许多老牌的家电厂商和 IT 厂商都参与进来，纷纷抢占先机。电子词典怎样才能有所作为？与此同时，英语教育培训市场的竞争也日趋激烈，随着中国入世，国外一批实力雄厚的英语培训学校大有争夺中国英语培训市场之势。

正是在这一背景下，快译通与新东方走到了一起。此次推出的快译通新东方系列产品，除具有快译通传统权威《牛津当代大辞典》外，同时独家内置了《新东方背单词》《新东方商务英语》《新东方英文书信》等融入新东方多年教学精髓的学习软件，英语学习者可随时随地感受到新东方教师们的经验教诲，快速提升英语基础及应考能力。值得一提的是，这些产品还首次采用了权智集团最新的英文单词"原声回放"发音技术。过去的电子词典都是采用合成语音发声，和真人发音有很大距离，而"原声回放"技术将播音员发音用 MP3 格式直接压缩后还原播放，完全再现了自然人的英语发音，非常适合英语听力和口语教学。因此，它们不仅是一个版权词典查询工具，更是一个专业、科学的听、说、读、写、背等英语综合学习的工具，开辟了一个新的发展空间。

要想有所作为，你必须有开拓的勇气，必须具备创新能力，善于接受新鲜事物，富有想象力，思想开放，善于提出新设想、新方案，对每年的工作都有新目标、新追求。一个管理者开拓创新的能力有大小，但是对开拓创新抱什么态度可以说非常重要。是因循守旧，墨守成规，怕担风险，还是锐意进取，不畏风险，勇于创新，由于直接反映着管理者对本职工作的态度，因而就不能不是一个道德标准。开拓创新的职业道德含义在于它不迷信传统，反对保守，不畏风险，敢于和善于接受新鲜事物。

1986 年 12 月 1 日《光明日报》在头版报道一个刚创建两年的集体小企业——四通集团公司，1986 年一年的营业收入就达近亿元。这个数字使许多行家都震惊不已。这是一个由中国科学院十几个科技人员集体辞去"铁饭碗"，与海淀区四季青乡联合办的一个乡镇集体小企业。创业一开始就选择以日产打印机 2024 的二次开发为目标。开发后这种打印机一投入市场就大受用户欢迎，十七天就收回成本，偿还了贷款期限仅一个月的一百万元贷款。不到一年他们又推出新产品，先后在国内外获得专利，在国内获奖。创业两年多，没要国家一分投资，现已累计完成营业额上亿元，上缴各种税款一千万元，并拥有一百万元的固定资产。现已初步形成一个有自己的研究中心、生产基地和销售体系的科工贸一体化企业。试想这一切能离得开创业者"勇于负责，开拓创新"的高尚职业道德品质吗？

日本的中田修就是一切从零开始的开拓者。

中田修曾到美国军队当过仆役。作过黑市小贩，印刷公司职员，走马灯似地换了十几次工作。不是被辞退，就是工作不顺心，经常流浪街头。一次，他徘徊在东京的一条街巷，感到万念俱灰，决心自杀以结束自己的无限烦恼和痛苦。这时候，仿佛冥冥之中有神向他伸出了援助之手，他无意瞥见了附近有一块挂着的"垄泽设计研究所"的招牌，这块招牌唤醒了他当印刷公司职员的愿望，他终于打消了自杀的念头，决心从零开始创立设计学校。

原来，中田修在印刷公司工作时，就被公司职员优厚的待遇迷住了。为了摆脱饥饿，中田修下决心做个设计师，开一家属于自己的公司。当时并没有学习设计的学校，中田便利用工作的方便，把设计公司的作品带回家研究，自学设计方面的书籍，坚持了半年，终于学会了设计技术。

在放弃了自杀念头后，中田修认真地想办法去完成自己的心愿。没有雄厚的资金，他通过"读者栏"招收学生，开始只办"周日教室"。以后又租借公共场所作为教室，以容纳更多的学生。为筹措办学资金，他向阪隐公司的经营办法学习，把"前金制"引入学校的建设之中。所谓"前金制"就是预收款。慢慢地，一个正式的设计学校就形成了。

到 1959 年 4 月，"东京设计所"在大阪成立。起名东京，是为了纪念东京那间挽救了中田修性名的设计所。后来，在中田修苦心经营下，"东京设计所"终于成了日本一流的设计研究所。

要做一个成功的人是很不简单的。只有学问、知识是不够的；以年资评定，选一个服务时间最长的人出来，也未必能胜任。做一个成功者，有一个必不可少的条件——就是要有开拓创新的精神。重复别人的事情，走别人的老路，在眼前或许能够取得一点点成绩，但是走不了多远的。卡耐基在谈到企业经营者用人策略问题时，曾告诫人们，一定要多用开拓型、创造型的人才。讲的就是这个道理。

做开拓创新型人才，首先必须思想解放，勇于创新，对事业有强烈的进取心和献身精神，同时也具有开创新事业的基础知识和能力。要敢于坚持原则，敢想、敢做、敢为，直陈己见，不怕得罪人，甚至可以"好高骛远""狂妄""出风头""刺头儿"等。

　　你还要学会善于独立思考问题的习惯。善于独立思考的人，有明显的特征：一是能大量吸收、储存、加工各种活生生的信息，同时富于联想，能从接收到的信息触发起灵感，激起思想火花，沿着思想火花去追踪、捕捉潜在的发展趋势；二是知识面比较宽，能从宏观、微观上综合考虑问题，在宽大的知识领域里寻求解决问题的方案；三是思考问题角度往往与众不同，常从别人没有想到的新的角度切入、使问题产生新的面貌和质的变化。

百舸争流，不进则退

竞争有如抢滩登陆，这个时候你没有退路，要有置之死地而后生的气概。后退，是汪洋大海，生还的希望是没有的，前进，尽管道路崎岖，甚至没有道路。崎岖的道路，你得踏平它，没有道路就开辟一条。这样，等待你的是成功的喜悦和收获的满足。

现实是残酷的。在人生的竞赛场上，冠军只有一个。成功者的背后，总有一些人被击垮、倒下。

要想不倒下，你就得抓住、抢占每一个机遇，击垮所有的对手。

凯勒尔是这样的一个成功者。他在第一时间把握机遇，第一时间采取行动，第一时间发出攻击，然后取得了令人羡慕的成功。

有哪一家航空公司的经理愿意穿上小丑的服装做广告？又有谁敢于把客机涂成《海底世界》杀人鲸的模样？在凯勒尔滑稽表演的背后，隐藏着前无古人的创造之路。

对西南航空公司的最初构想诞生在餐桌上。1967 年，凯勒尔在圣安东尼奥市一家律师事务所工作。一天，他和一个名叫罗林·金的当事人走进了一个酒吧。罗林·金是一名优秀的飞行员，也是一个杰出的商人，当时在得克萨斯州一家航空公司工作。他热情地向凯勒尔介绍太平洋西南航空公司和加利福尼亚航空公司的情况。加利福尼亚公司用两架飞机经营短程、低价的州内航线，市场行情看好。说到这里，金抓起一块餐巾，叠成三角形，分别代表达拉斯、圣安东尼奥和休斯敦。金的想法是：目前大航空公司都热衷于长途飞行，对短途飞行不屑一顾。如果我们能够组建一家航空公司，依照加利福尼亚公司的做法，开辟三市之间的航线，经营短途空运业务，将会有广阔的商业前途。

西南航空公司津津乐道的传奇有点像民间故事。但历史更真实。1967 年西南航空公司筹建时，烽火连天。得克萨斯州原有的航空公司拒绝割让市场，西南航空公司必须为自己的生存而战斗。凯勒尔担任公司的法律代表，频繁出入得克萨斯州最高法院，为公司赢得了得克萨斯州天空的竞争权。他的人格魅力和斗争精神鼓舞着西南航空公司，这家小公司终于在 1971 年开始运营。

当西南航空公司挤进美国航空市场后，它立即遭到了其他各大型航空公司的激烈反击。

直到 1975 年，已成立 8 年之久西南航空公司仍只拥有 4 架飞机，只飞达拉斯林斯敦和圣安东尼奥 3 个城市，在巨人如林的美国航空界来说，西南航空公司应是一位小矮人。但西南航空公司的经营成本远远低于其他大航空公司，因而它的票价也大大低于市场平均价格，吸引了大批乘客。面对西南航空公司发动的价格战，大型航空公司不肯示弱，它们与这个闯入市场的不速之客展开了降价大战。

对于绝大多数小企业而言，如果试图在价格上与实力雄厚的大企业进行竞争，那无异于自取灭亡。大企业可以凭借充足的财力为后盾，把价格压到比小企业还低的水平，与小企业拼消耗。小企业有限的资源很快会被耗干，从而黯然出局。

没有退路的凯勒尔绞尽脑汁压缩公司的成本，最后，西南航空公司不仅打赢了这场由它挑起的价格战，而且做到了任何一家大型航空公司都无法做到的低成本运营。从此，西南航空公司走上了发展的快车道。

在 70 年代，西南航空公司只将精力集中于得克萨斯州之内的短途航班上。它提供的航班不仅票价低廉，而且班次频率高，乘客几乎每个小时都可以搭上一架西南航空公司的班机。这使得西南航空公司在得克萨斯航空市场上占据了主导地位。

进入 80 年代，西南航空公司开始以得克萨斯州为基地向外扩张，它先是开通了与得州毗邻的 4 个州的短途航班，继而又在这 4 个州的基础上开通进一步向外辐射的新航班。不论如何扩展业务范围，西南航空公司都坚守两条标准：短航线、低价格。1987 年，西南航空公司在休斯敦—达拉斯航线上的单程票价为 57 美元，而其他航空公司的票价为 79 美元。

到 1995 年，西南航空公司的航线已涉及 15 个州的 34 座城市。它已拥有 141 架客机，这些客机全部是节油的波音 737，每架飞机每天要飞 11 个起落。由于飞机起落频率高、精心选择的航线客流量大，所以西南航空公司的经营成本和票价依然是美国最低的，其航班的平均票价仅为 58 美元。

低价位的西南航空公司航班成为美国乘客心目中的"黄金航班"。1994 年 2 月，西南航空公司开通了前往俄亥俄州克利夫兰市的航线。到年底，克利夫兰霍普金斯机场的客流量比 1993 年上升了 9.74%。该机场的一位经理说："今年机场客流量突破了历史高纪录，这些新增的乘客几乎全是西南航空公司送来或接走的。"

面对咄咄逼人的西南航空公司的扩张势头，许多竞争对手不得不调整航线，有的甚至望风而逃。例如：当西南航空公司的航班扩展到亚利桑那州凤凰城时，面临破产危险的美国西方航空公司索性放弃了这一市场；而当西南航空公司进入加利福尼亚州后，几家大型航空公司不约而同地退出了洛杉矶——旧金山航线，因为它们无法与西南航空公司 59 美元的单程机票价格展开竞争。在西南航空公司到来之前，这条航线的票价高达 186 美元。

一些西南航空公司尚未开通航线的城市主动找上门来，请求凯勒尔尽快在自己的城市开设新线。例如，斯卡拉蒙托市就派遣了两名代表前来西南航空公司总部游说，这两人一位是该市商会主席，另一位是该市机场经理，凯勒尔答应了他们的请求，在几个月后开通了这条新航线。在 1994 年，西南航空公司一共收到了 51 个类似的申请。

西南航空公司的低价格战略战无不胜，到 1995 年，凯勒尔发现已找不到什么竞争对手了。凯勒尔说："我们已经不再与航空公司竞争，我们的新对手是公路交通，我们要与行驶在公路上的福特车、克莱斯勒车、丰田车、尼桑车展开价格战。我们要把高速公路上的客流搬到天上来。"

今天，西南航空公司已是美国第四大航空公司，它每年提供 2200 个航班，运送近 5000 万名旅客。在美国大航空公司中，西南航空公司的增长势头与利润水平也是无人能敌的。

从一家不起眼的小航空公司发展到今天美国第四大航空公司，是什么造成西南航空公司异军突起的？

最主要的成功因素是总裁赫伯·凯勒尔独到的眼光和他的发展战略：抢滩登陆，激流勇进。西南航空公司从创业伊始，就成功发展出它们的定位策略。凯勒尔自得地说："我们选择了独特而又恰当的市场定位，我们是世界上唯一一家只提供短航程、高频率、低价格、点对点直航的航空公司。"

竞争有如抢滩登陆，这个时候你没有退路，要有置之死地而后生的气概。后退，是汪洋大海，生还的希望是没有的，前进，尽管道路崎岖，甚至没有道路。崎岖的道路，你得踏平它，没有道路就开辟一条。这样，等待你的是成功的喜悦和收获的满足。